Altium Designer

电路设计与PCB制板

视频教程

李永娥 主 编

朱翠芳 张靖韬 副主编

刘炳海 主 审

化学工业出版社

·北京·

内容简介

本书采用图文与视频相结合的方式，在介绍 PCB 基本设计、制作流程的基础上，通过实例展示，结合 Altium Designer 软件的使用，详细讲解从电路原理图直至生成印制电路板图、打样制作的全部过程和细节、技巧。内容包括 Altium Designer 元件库开发与设计，原理图及 PCB 设计，Altium Designer PCB 封装库设计，绘制 PCB 板的关键——布局与布线设计，PCB 板 DRC 校验、生产输出，二层 PCB 板设计实例、四层 PCB 板设计实例，实际电路板的设计、制作、打样案例等。书中的操作与应用案例配套有视频讲解，读者可以扫描二维码详细观看学习，犹如老师亲临指导。

本书不仅适合 Altium Designer 电路设计自学者快速入门，还可满足电子发烧友自己制作 PCB 的需要，也可作为大专院校相关专业的教材。

图书在版编目（CIP）数据

Altium Designer电路设计与PCB制板视频教程 / 李永娥主编. —北京：化学工业出版社，2023.6
ISBN 978- 7- 122-43006-9

Ⅰ.① A…　Ⅱ.①李…　Ⅲ.①印刷电路 - 计算机辅助设计 - 应用软件 - 教材　Ⅳ.① TN410.2

中国国家版本馆 CIP 数据核字（2023）第 034180 号

责任编辑：刘丽宏　李佳伶　　　　　　　　　装帧设计：刘丽华
责任校对：李　爽

出版发行：化学工业出版社（北京市东城区青年湖南街13号　邮政编码100011）
印　　装：三河市双峰印刷装订有限公司
787mm×1092mm　1/16　印张19　字数469千字　2024年1月北京第1版第1次印刷

购书咨询：010-64518888　　　　　　　　售后服务：010-64518899
网　　址：http：//www.cip.com.cn
凡购买本书，如有缺损质量问题，本社销售中心负责调换。

定　　价：89.00元　　　　　　　　　　　　版权所有　违者必究

PCB（Printing Circuit Board, 印制电路板）是电子产品中电路元件的支撑件，作为电子元器件的支撑体和电气连接的载体，是电子工业中的基础零组件，其应用范围极其广阔。伴随汽车、通信等行业数字化制造、智能制造等的发展需要，电动汽车、5G 通信、智能手机等电子产品对 PCB 提出了更高的要求。掌握 PCB 设计与制板是电子信息相关领域技术人员、设计人员的必修课，许多公司在招聘电子设计人才时在其条件栏上常会写着要求会使用 Altium Designer。要想熟练地应用此软件设计出结构布局合理的电路并不容易，某些初学者由于不能轻松熟练地应用此软件，在设计电路时常常望而止步。为了帮助初学者快速、熟练地掌握 Altium Designer 的应用技巧，特编写了此书。

全书采用图文与视频相结合的方式，在介绍 PCB 基本设计、制作流程的基础上，通过实例展示，结合 Altium Designer 的使用，详细讲解从电路原理图直至成功生成印制电路板图、打样制作的全部过程和细节、技巧。

书中内容具有以下特点：

1. 通过设计实例讲解，读者零基础也能学会：把学习 PCB 设计所需要掌握的基础知识、方法和技能融汇在各类型案例中，不单纯是 Altium Designer 软件的简单应用，立足于 PCB 的设计开发。

2. 单元模块电路、PCB 分层布线、设计制作分步讲解，PCB 从设计到打样全流程、分细节讲解。

3. 典型案例配有制作、设计、电路分析讲解视频，扫描二维码即可轻松学习。

读者在学习本书时，无论有无基础，只要多看几遍视频，跟着做几遍，很快就可以制作出合格的电路板。

本书既适合 Altium Designer 初学者自学使用，也可以为有一定基础的读者提供参考，同时也适合电子类大中专院校及 Altium Designer 电子线路设计培训班使用。

本书由李永娥主编，由朱翠芳、张靖韬副主编，参加本书编写的还有田丽、彭珍、张伯虎、孔凡桂、赵书芬、张书敏、张振文、曹振华、焦凤敏、张校铭、张校珩、张伯龙，全书由刘炳海审定。

由于编者水平有限，书中不足之处在所难免，恳请广大读者批评指正（欢迎关注下方微信公众号交流）。

编者

欢迎关注专业公众号
获取更多学习资源

目录
CONTENTS

第五章　Altium Designer22 如何绘制原理图

第六章　Altium Designer22 如何绘制 PCB

第七章　Altium Designer22 PCB 文件输出

第八章　绘制 PCB 二层板实例

第九章　绘制 PCB 四层板实例

第十章　PCB 绘制技巧

第十一章　Altium Designer22 设计 SPICE 仿真

第十二章　PCB 原理图及 PCB 设计原则规范

第十三章 印制电路板的设计与制作

视频教学——Altium Designer 电路设计与 PCB 制板

讲次	内容	二维码	讲次	内容	二维码
第 1 讲	Altium Designer 软件的安装		第 10 讲	原理图各种符号放置	
第 2 讲	Altium Designer 软件的设置		第 11 讲	原理图层次设计	
第 3 讲	原理图模板与栅格设置		第 12 讲	原理图层次设计 1	
第 4 讲	新建原理图与尺寸设置		第 13 讲	原理图编译	
第 5 讲	原理图元器件快速创建		第 14 讲	原理图导入 PCB	
第 6 讲	原理元器件封装绘制		第 15 讲	从原理图生成元件库	
第 7 讲	元器件部件添加		第 16 讲	导出（BOM 表）物料清单	
第 8 讲	原理图中器件查找		第 17 讲	原理图导出 PDF	
第 9 讲	原理图中器件放置与连接		第 18 讲	新建 PCB 及设置	

讲次	内容	二维码	讲次	内容	二维码
第 19 讲	PCB 封装库的创建		第 25 讲	PCB 主要规则设置描述	
第 20 讲	利用封装库元器件向导制作 PCB 封装		第 26 讲	PCB 转 GerBer 文件输出	
第 21 讲	PCB 元器件 3D 封装绘制		第 27 讲	PCB 网表文件输出	
第 22 讲	PCB 封装绘制简要注意事项		第 28 讲	PCB 转 ODB++ 文件输出	
第 23 讲	PCB 二层板设计		第 29 讲	PCB 转坐标文件输出	
第 24 讲	PCB 四层板的绘制		第 30 讲	PCB 钻孔文件输出	
	拓展视频				
第 1 讲	AD17 改为中文		第 9 讲	生成原理图及 PCB 库	
第 2 讲	用 AD 软件绘制电路原理图		第 10 讲	添加及设置	
第 3 讲	AD17 工程文件创建		第 11 讲	PCB 电路内电层分割	
第 4 讲	元件库开发元件绘制		第 12 讲	PCB 图纸规则设置	
第 5 讲	原理图设计及设置		第 13 讲	图纸输出各类文件及打印设置	
第 6 讲	原理图元器件标注		第 14 讲	RS232 转 485 电路学 AD 原理图设计制作	
第 7 讲	原理图编译及导出		第 15 讲	RS232 转 485 电路学电路板布局设计制作	
第 8 讲	PCB 库及封装制作		第 16 讲	RS232 转 485 电路学电路板布线设计制作	

第一章

印刷电路板基础

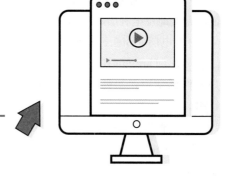

印制电路板，又称印刷电路板、印刷线路板，简称印制板，英文简称 PCB（Printed Circuit Board）或 PWB（Printed Wiring Board），以绝缘板为基材，切成一定尺寸，其上至少附有一个导电图形，并布有孔（元器件孔、紧固孔、金属化孔等），用来代替以往装置电子元器件的底盘，并实现电子元器件之间的相互连接。由于这种板是采用电子印刷术制作的，故被称为"印刷电路板"。习惯称"印制线路板"为"印制电路"是不确切的，因为在印制板上并没有"印制元器件"而仅有布线。

裸板（没有零件）也常被称为"印刷线路板"。板子本身的基板是由绝缘隔热、不易弯曲的材质所制作成。在表面可以看到的细小线路材料是铜箔，原本铜箔是覆盖在整个板子上的，而在制造过程中部分被蚀刻处理掉，剩下的部分就变成网状的细小线路了。这些线路被称作导线（Conductor Pattern）或称布线，并用来提供 PCB 上零件的电路连接。

通常 PCB 的颜色都是绿色或是棕色，这是阻焊（Solder Mask）的颜色，是绝缘的防护层，可以保护铜线，也防止焊接时造成的短路。在阻焊层上还会印刷上一层丝网印刷面（Silk Screen）。通常在这上面会印上文字与符号（大多是白色的），以标示出各零件在板子上的位置。丝网印刷面也被称作图标面（Legend）。

采用印制板的主要优点是：

❶ 由于图形具有重复性（再现性）和一致性，减少了布线和装配的差错，节省了设备的维修、调试和检查时间。

❷ 设计上可以标准化，利于互换。

❸ 布线密度高，体积小，重量轻，利于电子设备的小型化。

❹ 利于机械化、自动化生产，提高了劳动生产率并降低了电子设备的造价。印制板的制造方法可分为减去法（减成法）和添加法（加成法）两个大类。目前，大规模工业生产还是以减去法中的腐蚀铜箔法为主。

❺ 特别是 FPC 软性板的耐弯折性，精密性，更好地应用到高精密仪器上（如相机、手机、摄像机等）。

1.1 印刷电路板基本组成

目前的电路板，主要由以下组成：

• 线路与图面（Pattern）：线路是作为元件之间导通的工具，在设计上会另外设计大铜面作为接地及电源层。线路与图面是同时做出的。

• 介电层（Dielectric）：用来保持线路及各层之间的绝缘性，俗称为基材。

• 孔（Through Hole / Via）：导通孔可使两层以上的线路彼此导通，较大的导通孔则作为零件插件用。另外有非导通孔（nPTH），通常用来作为表面贴装定位，组装时固定螺钉用。

• 防焊油墨（Solder Resistant /Solder Mask）：并非全部的铜面都要吃锡上零件，因此非吃锡的区域，会印一层隔绝铜面吃锡的物质（通常为环氧树脂），避免非吃锡的线路间短路。根据不同的工艺，分为绿油、红油、蓝油。电子产品电路板如图1-1所示。

图1-1 电子产品电路板

• 丝印（Legend /Marking/Silk Screen）：此为非必要的构成部分，主要的功能是在电路板上标注各零件的名称、位置框，方便组装后维修及辨识用。

• 表面处理（Surface Finish）：由于铜面在一般环境中很容易氧化，导致无法上锡（焊锡性不良），因此会在要吃锡的铜面上进行保护。保护的方式有喷锡（HASL）、化金（ENIG）、化银（Immersion Silver）、化锡（Immersion Tin）、有机保焊剂（OSP），方法各有优缺点，统称为表面处理。

1.2 印刷电路板的分类

根据PCB印刷线路板电路层数分类，PCB印刷线路板分为单面板、双面板和多层板。常见的多层板一般为4层板或6层板，复杂的多层板可达几十层。

PCB 板有以下三种主要的划分类型：

（1）单面板

在最基本的 PCB 上，零件集中在其中一面，导线则集中在另一面上。因为导线只出现在其中一面，所以这种 PCB 叫作单面板（Single-Sided）。单面板在设计线路上有许多严格的限制（因为只有一面，布线间不能交叉而必须绕独自的路径），单面板如图 1-2 所示。

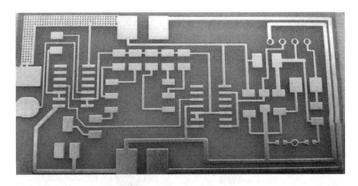

图1-2 单面板印刷电路板

（2）双面板

这种电路板的两面都有布线，不过要用上两面的导线，必须要在两面间有适当的电路连接才行。这种电路间的"桥梁"叫做导孔（Via）。导孔是在 PCB 上充满或涂上金属的小洞，它可以与两面的导线相连接。因为双面板的面积比单面板大了一倍，双面板解决了单面板中因为布线交错产生的难点（可以通过导孔通到另一面），它更适合用在比单面板更复杂的电路上。双面板印刷电路板如图 1-3 所示。

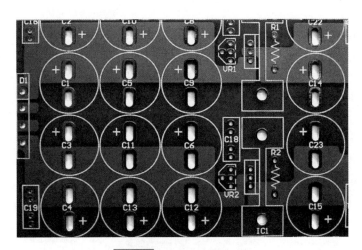

图1-3 双面板印刷电路板

（3）多层板

多层板（Multi-Layer Boards）为了增加可以布线的面积，多层板用上了更多单或双面的布线板。用一块双面作内层、两块单面作外层或两块双面作内层、两块单面作外层的印刷线路板，通过定位系统及绝缘黏结材料交替在一起且导电图形按设计要求进行互连，这样，印刷线路板就成为 4 层、6 层印刷电路板了，也称为多层印刷线路板。板子的层数并不代表有几层独立的布线层，在特殊情况下会加入空层来控制板厚，通常层数都是偶数，并且包含最外侧的两层。大部分的主机板都是 4 ~ 8 层的结构，理论可以做到近 100 层的 PCB 板。如图 1-4 所示。

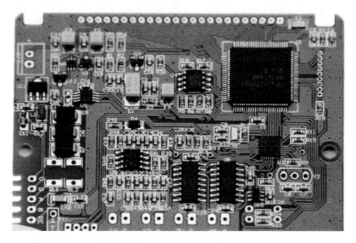

图 1-4 多层板电子产品制作图

1.3 印刷电路板的发展

　　近十几年来，我国印制电路板（Printed Circuit Board，PCB）制造行业发展迅速，总产值、总产量双双位居世界第一。由于电子产品日新月异，价格战改变了供应链的结构，中国兼具产业分布、成本和市场优势，已经成为全球最重要的印制电路板生产基地。

　　印制电路板从单层发展到双面板、多层板和挠性板，并不断地向高精度、高密度和高可靠性方向发展。不断缩小体积、减少成本、提高性能，使得印制电路板在未来电子产品的发展过程中，仍然保持强大的生命力。

　　未来印制电路板生产制造技术发展趋势是在性能上向高密度、高精度、细孔径、细导线、小间距、高可靠、多层化、高速传输、轻量、薄型方向发展。

第二章

Altium Designer22 软件的安装与设置

2.1　Altium Designer22 对电脑配置的要求

(1)　Altium 公司推荐的系统配置要求

❶ Windows 10（仅限 64 位）英特尔®酷睿™ i7 处理器或等同产品，不推荐使用 Windows 7 SP1（仅限 64 位）和 Windows 8（仅限 64 位）但是仍支持。

❷ 16GB 随机存储内存或更大存储。

❸ 10GB 硬盘空间（安装＋用户文件）。

❹ 推荐使用固态硬盘。

❺ 高性能显卡（支持 DirectX 10 或以上版本），如 GeForce GTX 1060、Radeon RX 470。

❻ 分辨率为 2560 像素 ×1440 像素（或更好）的双显示器。

❼ 用于 3D PCB 设计的 3D 鼠标，如 Space Navigator。

❽ Adobe Reader®（用于 3D PDF 查看的XI或以上版本）。

(2)　最低系统配置要求

❶ Windows 8（仅限 64 位）或 Windows 10（仅限 64 位）英特尔®酷睿™ i5 处理器或等同产品，不推荐使用 Windows 7 SP1（仅限 64 位）但是仍支持。

❷ 最低 4GB 随机存储内存。

❸ 10GB 硬盘空间（安装＋用户文件）。

❹ 显卡（支持 DirectX 10 或以上版本），如 GeForce 200 系列、Radeon HD 5000 系列、Intel HD Graphics 4600。

❺ 最低分辨率为 1680 像素 ×1050 像素（宽屏）或 1600 像素 ×1200 像素（4：3）的显示器。

❻ Adobe Reader®（用于 3D PDF 查看的XI或以上版本）。

2.2 Altium Designer22 软件的安装

2.3 Altium Designer22 软件的注册使用

2.4 Altium Designer22 操作面板简介

2.5 Altium Designer22 如何设置优选项参数说明

2.5.1 如何设置系统面板参数

点击菜单命令"设置图标"，找到"System—General"选项，打开系统面板，见图 2-1。

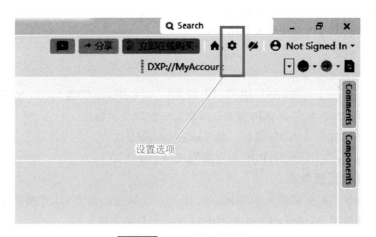

图 2-1 打开系统设置面板

2.5.1.1 通用菜单设置（General）

如果根据使用习惯，需要将软件改为中文，勾选图中"Use localized resources"本地化设置。勾选之后，需要重启软件即可切换为中文版本，用同样的方法可以转换为英文版本。如图 2 2、图 2-3 所示。

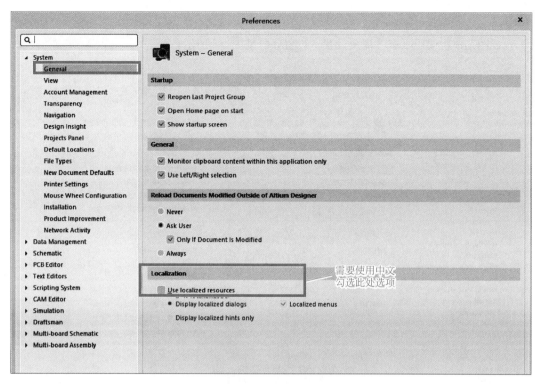

图 2-2　设置中文选项

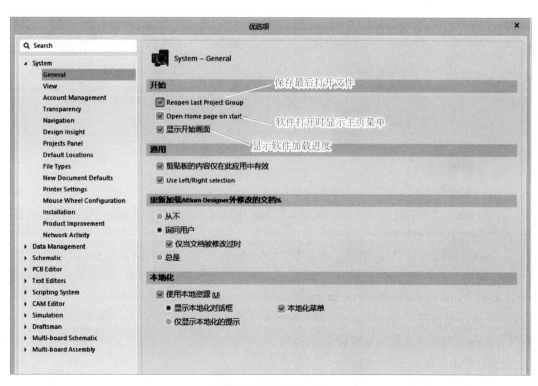

图 2-3　重启软件后界面

2.5.1.2　视图菜单设置（View）

视图菜单主要用于查看视图设置，设置界面见图 2-4 所示。

图 2-4　视图菜单设置界面

(1)　桌面

•自动保存桌面：此选项能够自动保存关闭时文档窗口设置的位置和大小，桌面包括面板和工具栏的位置和可见性。

•恢复打开文档：勾选此项，打开软件时会加载上一次软件关闭时处于打开状态的文档。

•Load：单击选择加载 *.TLT 格式的桌面布局。

•Save：单击保存当前桌面布局为 *.TLT 格式文件。

•Reset：单击此按钮恢复默认桌面布局。

(2)　弹出面板

•弹出延迟：弹出延时选择，左边为最小值。

•隐藏延迟：隐藏菜单的延时选择，左边为最小值。

•使用动画：勾选此项，面板在弹出或隐藏时将呈现动画效果，否则没有。

• 动画速度：设置面板弹出或隐藏的动画效果的速度，左边为最慢速度。

(3) 通用

• 聚焦更改时隐藏浮动面板：勾选此项，当焦点改变时会自动隐藏浮动面板，否则不隐藏。

• 为每个文档种类记忆窗口：勾选此项将记住相同类型文档所在的显示器，下次打开该类型文档会在同一个显示器上打开，主要用于多显示器绘图使用。

• 自动显示符号和模型预览：勾选此项将会在器件属性面板上显示符号和 3D 模型。

• 在外部 Web 浏览器打开因特网链接：勾选此项将会使用外部浏览器打开网络链接。

(4) Document Bar（文档栏）

• 文档分组：勾选此项后，当打开文档数目超出文档栏时将会自动合并，否则不合并。合并方式有如下两种：

按照文档种类：勾选此项，合并文档将按照文档类型进行合并，比如将原理图全部放在一个选项卡下。

按照工程：勾选此项，将按照项目进行合并，同一个项目的文档放在一个选项卡下。

• 使用等宽按键：勾选此项，打开的文档选项卡长度固定，不会按文件名长度自动调节选项卡长度。

• 多行文档栏：勾选此项，将会有多个文档栏，当单行文档栏占满之后会自动跳转到第二栏。

• Ctrl+Tab 切换到最近活动的文档：勾选此项，按 Ctrl+Tab 切换文档时，将会按照文档修改顺序切换，否则顺序切换所有打开的文档。

• 关闭并切换到最后激活的文档：勾选此项后，关闭当前编辑文档将自动跳转到前一个活动文档。

• 中间按键关闭文档标签：勾选此项，可以使用鼠标中键（如鼠标滚轮）单击文档选项卡关闭文档。

(5) UI Theme（主题）

• Current：通过下拉菜单选择当前的主题，有深灰或浅灰两种主题样式。

• Preview：显示选中主题的一个示例界面。

2.5.1.3 账户菜单设置（Account Management）

当需要使用到 DIGIPCBA 时才需要配置账户管理菜单，界面见图 2-5 中所示，具体设置不再介绍。

2.5.1.4 透明度菜单设置（Transparency）

此菜单为设置工具栏和窗口的透明度。通过调节选项来调节文档透明度，一般使用默认设置。界面如图 2-6 所示。

2.5.1.5 导航菜单设置（Navigation）

此菜单一般使用默认设置。界面如图 2-7 所示。

(1) 高亮方式

在导航、交叉探测和探索文档或编译器消息之间的差异时，选择所需的高亮图形对象。

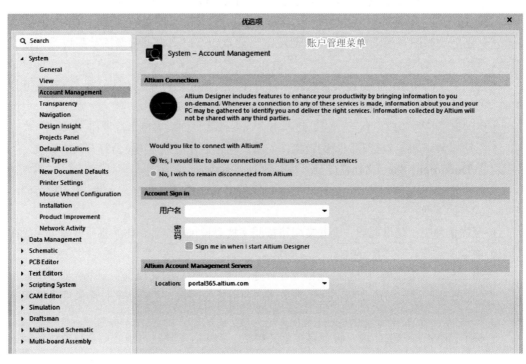

图 2-5 账户菜单界面

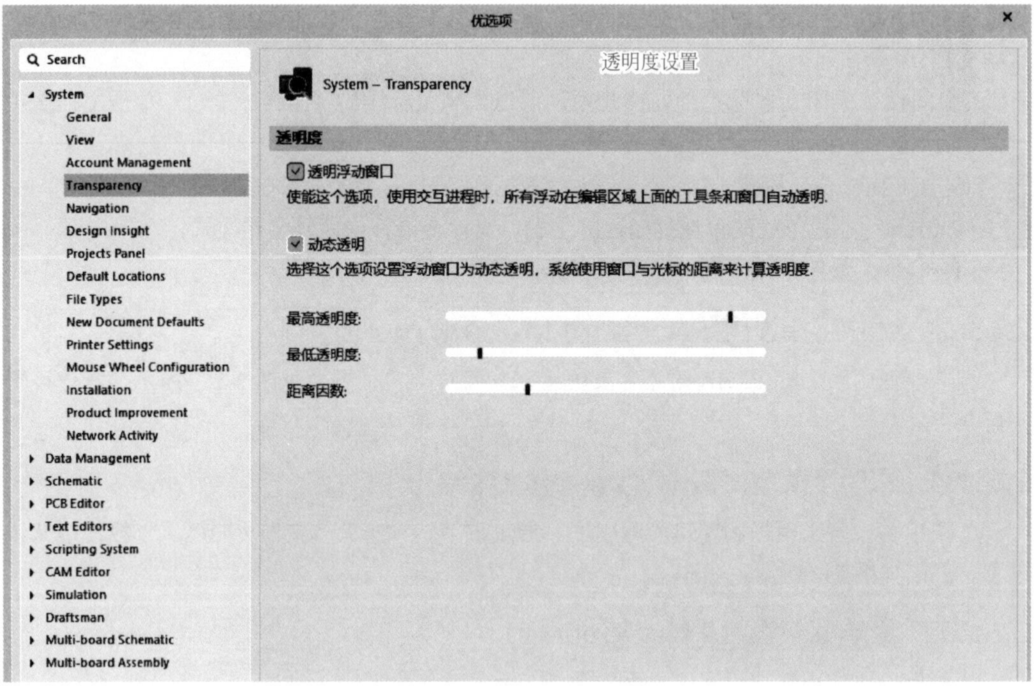

图 2-6 透明度菜单界面

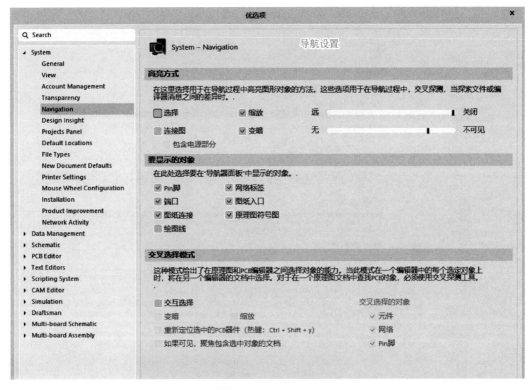

图 2-7 导航菜单界面

- 选择：勾选此项，高亮选中对象。
- 连接图：勾选此项，显示选中对象的连接关系。
- 包含电源部分：勾选此项，连接关系会包含电源部件的连接。
- 缩放：勾选此项，缩放选中的项目。滑动选择放大系数，滑块向右，放大系数增大。
- 变暗：勾选此项，高亮选中的对象，其他对象变暗。滑动选择对比度大小，滑块向右，对比度越大，滑块至最右侧时其他项目不可见。

(2) 要显示的对象

选择导航面板显示的对象，勾选就会显示，否则不显示，可选择的对象有 Pin 脚、端口、图纸连接、绘图线、网络标签、图纸入口、原理图符号图，一般情况下除绘图线不选外，其他全部勾选。

(3) 交叉选择模式

用于在原理图和 PCB 中交叉选择对象，此选项卡及子项目设置为默认设置即可。

2.5.1.6 设计使能菜单设置（Design Insight）

此菜单为定义使能设计查看特性，此设置一般维持默认。菜单如图 2-8 所示。

2.5.1.7 项目面板菜单设置（Projects Panel）

此处是配置与项目栏相关的属性，具体如图 2-9 所示。

(1) 通用

- 显示 VCS 状态：勾选此项，显示版本控制系统的文档状态。

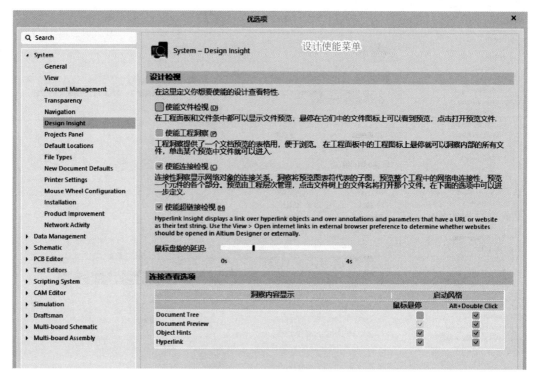

图 2-8 设计使能菜单界面

图 2-9 项目面板菜单界面

- 显示项目中的文件位置：勾选此项，显示文档在项目中的相对位置。
- 提示中显示全路径：勾选此项，将显示项目的完整路径信息。
- Show Automatic Sheet Numbering：勾选此项，显示文档在项目中的工作表编号。
- Show Components and Nets folders：勾选此项，显示组件与网络标识符文件。

(2) 文件视图
- 显示项目结构：勾选此项，将显示项目间的连接结构。
- 显示文档结构：勾选此项，将显示项目中的文档结构。

(3) 文档分组
- 不分组：勾选此项，项目中文档不分组。
- 按组：按文档类分组，如源文件、输出文件、库文件等。
- 按文件类型：按文档类型分组。

(4) 元器件分组
- 不分组：勾选此项，则不分组。
- 通过位号的第一个字符：按标识符的第一个字符顺序分组。
- 通过注释：按元器件的注释分组。
- 通过所属图纸：按它们所在的图纸分组。

(5) 排序
- 项目顺序：按照添加到项目的顺序排序。
- 按字母排序：按文档名称的字母顺序排序。
- 打开 / 修改状态：按文档打开或修改状态排序。
- VCS 状态：按版本控制系统的状态排序。
- 上升的：勾选此项后，文档排序升序显示。

(6) 单击
- 不做任何操作：在项目面板单击不进行任何操作。
- 激活打开文档 / 对象：勾选此项，在项目面板单击已经打开的文档，将自动切换单击的文档为当前文档。
- 打开或显示文档 / 对象：勾选此项，项目面板单击文档则会打开该文档。

(7) 默认扩展
- 完全收缩：勾选此项，仅显示项目标题。
- 扩展一层：勾选此项，仅显示项目以及顶级文档。
- 源文件扩展：勾选此项，仅显示源文件，如原理图之类的文档，其他文档类型挂起。
- 完全扩展：勾选此项，将显示项目内的所有文档。
注：修改默认扩展的配置需要重启系统生效。

2.5.1.8 默认位置菜单设置（Default Locations）

此选项为设置文档、库文件、输出文件的保存位置，具体界面如图 2-10 所示。

2.5.1.9 文件关联菜单设置（File Types）

此选项是关联使用 Altium Designer 打开的文件类型。当 Altium Designer 项目文件未关联的时候，可以打开此选项，进行设置关联，笔者建议打开所有文件关联，可以根据设计者使用习惯自行关联，具体菜单如图 2-11 所示。

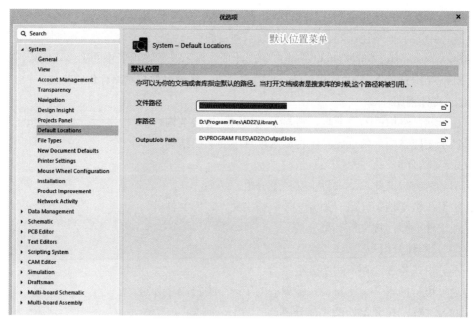

图 2-10 默认位置菜单界面

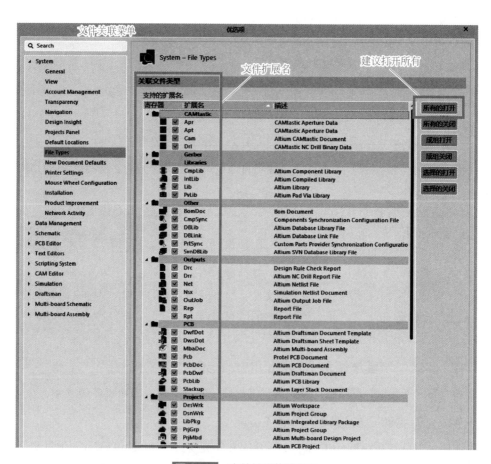

图 2-11 文件关联菜单界面

2.5.1.10　英文改中文设置（New Document Defaults）

此选项可为新创建项目或文档指定模板，保证格式的统一，是设计规范的指标之一。具体菜单模板如图 2-12 所示。

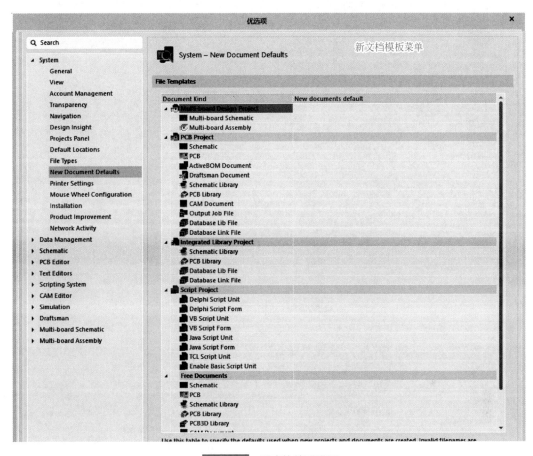

图 2-12　重启软件后界面

2.5.1.11　打印菜单设置（Printer Settings）

此菜单可定制打印输出的 PDF 文档尺寸，具体如图 2-13 所示。

2.5.1.12　鼠标滚轮菜单设置（Mouse Wheel Configuration）

此菜单为鼠标滚轮设置，具体如图 2-14 所示。

2.5.1.13　安装菜单设置（Installation）

此菜单与以下两个菜单平时基本不会用到，仅做了解，具体如图 2-15 所示。

2.5.1.14　产品改善菜单设置（Product Improvement）

产品改善菜单界面如图 2-16 所示。

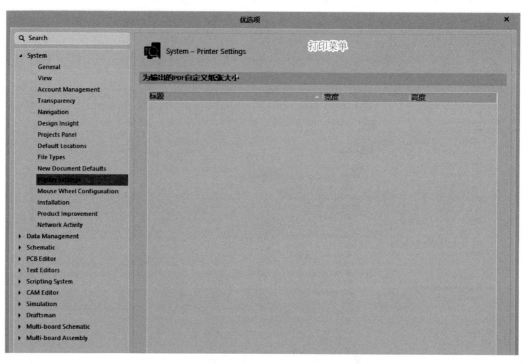

图 2-13 打印菜单界面

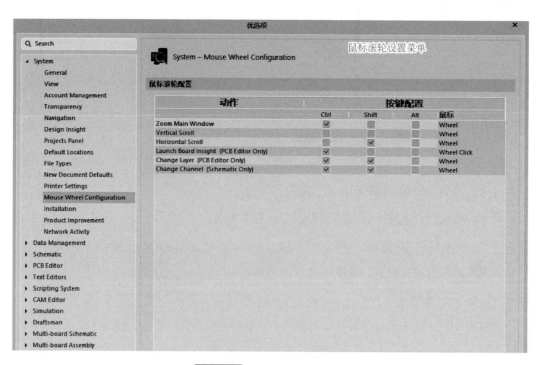

图 2-14 鼠标滚轮菜单界面

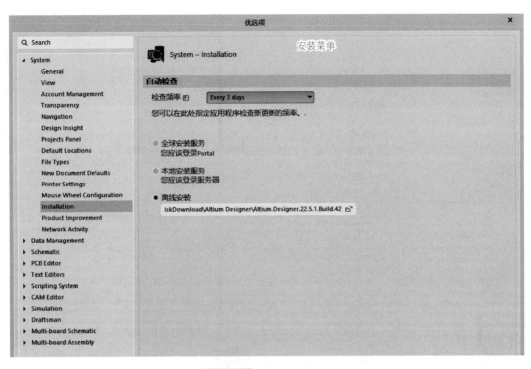

图 2-15 安装菜单界面

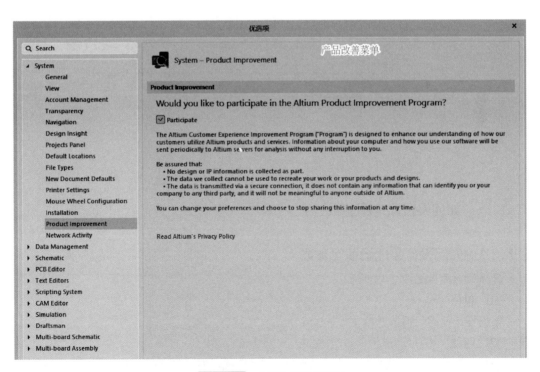

图 2-16 产品改善菜单界面

2.5.1.15　网络活动菜单设置（Network Activity）

网络活动菜单界面如图 2-17 所示。

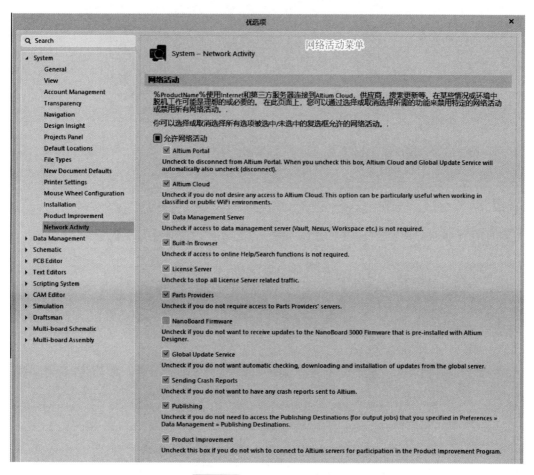

图 2-17　网络活动菜单界面

2.5.2　如何设置原理图参数

2.5.2.1　如何设置原理图项目参数

具体设置项目如图 2-18 所示。

（1）单位

根据设计使用习惯选择单位为 mil 或 mm。

（2）选项

• 在结点处断线：勾选此项，走线结点处会自动断线，如 T 形连接、十字连接、两线相交。

• 优化走线和总线：勾选此项，自动优化走线，会自动删除多余的走线。

• 元件割线：勾选此项，当放置新器件到走线上时，会自动在电气结点处切割走线，必须勾选"最优连线路径"才会生效。

• 使能 In-Place 编辑：勾选此项后，文本可以在选中后通过再次单击文本或按快捷键"F2"直接修改，不然必须打开属性框才能进行修改。

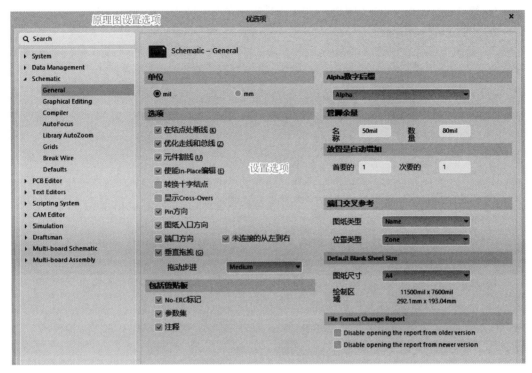

图 2-18 原理图项目参数设置

• 转换十字结点：勾选此项时，当进行一个十字连接时将自动转换两个三端连接。
• 显示 Cross-Overs：勾选此项时，交叉线位置变为弧形。
• Pin 方向：勾选此项，将会在原理图中显示元器件管脚信号的方向，需要本身原理图符号的管脚配置了信号方向才可以。
• 图纸入口方向：勾选选项，图纸入口将根据信号方向进行方向显示。
• 端口方向：勾选此项，则端口（Port）样式由连接的 I/O 类型属性决定，如 I/O 类型为输入（Input）则端口也为输入。
• 未连接的从左到右：勾选此项，则未连接的端口样式为从左到右的样式。
• 垂直拖拽：勾选此项，拖动元器件时，元器件的连接线保持正交，否则任意角度。
• 拖动步进：下拉菜单选择拖动的步进。

(3) 包括剪贴板
• No-ERC 标记：勾选此项，可在剪贴板中包含 ERC 标记。
• 参数集：勾选此项，可在剪贴板中包含参数集。
• 注释：勾选此项，可在剪贴板中包含注释。

(4) Alpha 数字后缀
　　该选项用来设置某些元件中包含多个相同子部件的标识后缀，每个子部件都具有独立的物理功能。在放置这种复合元件时，其内部的多个子部件通常采用"元件标识：后缀"的形式来加以区别。

(5) 管脚余量

• "名称"文本框：设置管脚名称与元器件轮廓之间的间距，最小值 1mil。

• "数量"文本框：设置管脚编号与元器件轮廓之间的间距，最小值 1mil。

(6) 放置是自动增加

• 首要的：设置自增模式的初始值，当字符串为数字或者最后一位为数字时，自增模式才会生效。

• 次要的：设置自增模式的增量值，如放置 I/O 管脚，则管脚编号将会按照增量进行自增或自减，如初始值设置为 1，增量设置为 1，则按 1，2，3 依次递增。

(7) 端口交叉参考

• 图纸类型：选择端口交叉参考时引用的图纸属性，根据自己的需要选择最适合的方式。选择"None"选项则不添加图纸属性。选择"Name"选项则会在交叉参考中增加图纸名称。选择"Number"选项则会在交叉参考中增加图纸编号。

• 位置类型：选择端口交叉参考位置信息的显示方式，选择"None"选项则不设置位置信息的显示方式，选择"Zone"选项则位置信息以区域显示，选择"Location X，Y"则位置信息以坐标显示。

(8) Default Blank Sheet Size（空白图纸尺寸）

• 图纸尺寸：选择创建新图纸的图纸默认尺寸。

• 绘制区域：图纸编辑区域，不可修改。

2.5.2.2　如何设置原理图的图像参数

具体设置项目如图 2-19 所示。

(1) 选项（部分选项说明如下）

• 剪贴板参考：勾选此项，在工作区用于设置将选取的元器件复制或剪切到剪贴板时，系统会要求指定参考点，对于复制一个将要粘贴回原来位置的原理图部分非常重要，该参考点是粘贴时被保留部分的点，建议选中该复选框。

• 添加模板到剪切板：勾选此项，进行原理图的剪切和复制将会把当前图纸的模板也复制到剪贴板。

• Display Name of Special String（转化特殊字符）：勾选此项，当字符串没有定义值时就显示字符串默认名称。

• 对象中心：用来设置当移动元器件时，光标捕捉的是元器件的参考点还是元器件的中心。要想实现该选项的功能，必须取消选中"对象电气热点"复选框。

• 对象电气热点：选中该复选框后，可以通过距离对象最近的电气点移动或拖动对象。建议用户选中该复选框。

• 自动缩放：用于设置插入组件时，原理图是否可以自动调整视图显示比例，以适合显示该组件。建议用户选中该复选框。

• 单一 \ 符号代表负信号：勾选此项，需要输入电平标识符的管脚名、端口、网络名、图纸接口时，只需要在第一个字符前添加单反斜杆"\"就可以实现，否则需要在每个字符后添加单反斜杠"\"。

• 选中存储块清空时确认：勾选此项，清除选择存储器的内容需要确认，选择存储器可用于存储一组对象的选择状态，按 Ctrl+Q 可以打开选择存储器。

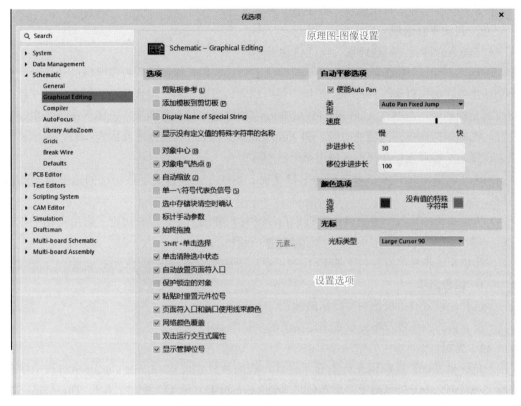

图 2-19 原理图图像参数设置

• 标计手动参数：勾选此项，带点显示的参数表示自动定位已关闭，并且参数随其父对象（例如组件）移动或旋转。要隐藏点，需要禁用此选项。

• 始终拖拽：勾选此项，拖动元器件时，电气连接将保持连接，按空格 Space 旋转器件，按 Ctrl+Space 可以调整连接线角度。

• 'Shift'＋单击选择：勾选此项，在原理图工作区将通过 Shift+Click 选择对象。

• 单击清除选中状态：勾选此项，可以在原理图其他任意位置单击取消选中的对象，否则必须在选中的对象处单击才能取消。

• 自动放置页面符入口：勾选此项，放置图纸接口时将自动匹配图纸内的有效网络名称，否则将会放置系统产生网络名。

• 保护锁定的对象：勾选此项，如果移除的对象中有锁定的对象将不会被移除。如果不勾选，在移除锁定对象时将弹出警示框。

• 粘贴时重置元件位号：勾选此项，当复制粘贴一个器件时，将会重置该器件的标识符。

• 页面符入口和端口使用线束颜色：勾选此项，图纸接口和端口将自动适配信号线束的颜色，否则图纸接口和端口按照各自的默认颜色显示。

• 网络颜色覆盖：勾选此项，使能网络颜色覆盖。

• 双击运行交互式属性：勾选此项，双击放置的对象时将打开属性面板，否则打开模态对话框。

• 显示管脚位号：勾选此项，将显示引脚标识符。

(2) 自动平移选项

• 使能 Auto Pan：勾选此项，使能自动平移。

• 类型：当十字准线动作光标处于活动状态并且您将光标移动到视图区域的边缘时，自动平移生效。如果自动平移打开，工作表将自动向该方向平移。设置此字段以在自动平移期间控制光标移动。选项有 Auto Pan Fixed Jump（按固定步长平移图纸，该步骤在步长字段中设置，光标保持在视图区域的边缘）和 Auto Pan ReCenter（将图纸平移固定步长，在步长字段中设置，平移后光标在视图区域中重新居中）。

• 速度：拖动此滑条以设置自动平移速度。越往左走，自动平移运动的速度越慢或越精细。

• 步进步长：输入一个值以设置每个自动平移步骤的大小。步长决定了启用自动平移时文档平移的速度。值越小，自动平移运动越慢或越精细。

• 移位步进步长：设置按下 Shift 按键可自动平移地步进。

(3) 颜色选项

• 选择：设置对象被选中时显示的颜色。

• 没有值的特殊字符串：设置未定义值的字符串显示颜色。

(4) 光标

• 光标类型：设置编辑光标的显示样式，有四种样式可选，Large Cursor 90（长十字形光标）、Small Cursor 90（短十字形光标）、Small Cursor 45（短 45°交错光标）、Tiny Cursor 45（小 45°交错光标）、系统默认为 Small Cursor 90。

2.5.2.3 如何设置原理图的编译参数

此项用来设置原理图编译相关配置选项和控件，利用 Altium Designer 的原理图编辑器绘制好电路原理图以后，不能马上把它传送到 PCB 编辑器中，以生成 PCB 印制电路板文件。所以 Altium Designer 提供了编译器这个便捷的工具，系统根据设计者的设置，会对整个电路图进行电气检查，对检测出的错误生成各种报表和统计信息，使设计者能够修改和完善自己的设计工作。编译器的环境设置通过"Compiler"（编译）选项卡来完成。具体设置界面如图 2-20 所示。

(1) 错误和警告

• Fatal Error（致命错误）、Error（错误）、Warning（警告）：配置指示原理图内对象出现错误或告警显示的线条的颜色。

(2) 自动结点

• 显示在线上：勾选此项，将会在导线上显示结点。

• 大小：选择结点的尺寸。

• 颜色：选择结点的颜色。

• 拖动颜色：设置导线拖动时显示的颜色。

• 当拖动的时候显示：勾选此项，拖动时显示导线。

• 显示在总线上：勾选此项，在总线上显示结点。

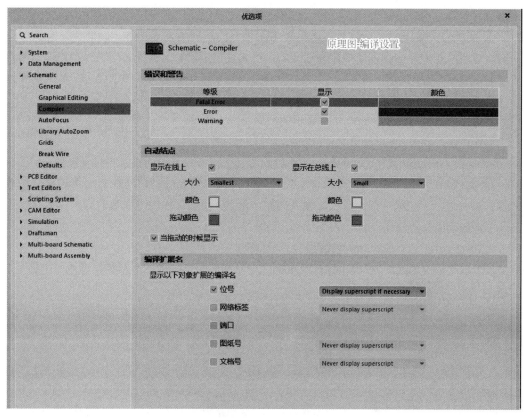

图 2-20 原理图编译参数设置

大小：设置在总线上结点的尺寸。

颜色：设置在总线上结点的颜色。

拖动颜色：设置总线移动时显示的颜色。

(3) 编译扩展名

显示以下对象扩展的编译名，选项里包含以下几个选项。

❶ 位号

• Display superscript if necessary：勾选此项，当逻辑指示符名称和已编译的指示符名称不同时，将显示上标。

• Always display superscript：指示符始终显示上标。

• Never display superscript：指示符从不显示上标。

❷ 网络标签：编译设计项目时，所有逻辑表都将扩展为物理表，启用此选项可允许将逻辑表扩展为物理表时，物理表上的网络标签获取扩展的网络信息。下拉菜单控制在项目编译后如何显示网络标签的扩展编译名称。

• Never display superscript：从不显示网络标签的上标。

• Always display superscript：始终显示网络标签的上标。

• Display superscript if necessary：当逻辑网络标签名称和编译的网络标签名称不同时，将显示上标。

❸ 端口：勾选此项，可允许将逻辑表扩展为物理表时，物理表上的端口获取扩展的网

络信息。

❹ 图纸号：编译设计项目时，所有逻辑图纸都会扩展为物理图纸，因此，还会扩展一些网络以反映扩展后的物理图纸。勾选此项，可允许将逻辑表扩展为物理表时，物理表上的表号参数获取扩展的网络信息。下拉菜单控制在项目编译后如何显示图纸编号参数的扩展编译名称。

- Never display superscript：从不显示图纸编号的上标。
- Always display superscript：显示图纸编号的上标文本。
- Display superscript if necessary：当逻辑表号和已编译表号不同时，将显示上标。

❺ 文档号：启用此选项，可允许将逻辑表扩展为物理表时，物理表上的文档编号参数获取扩展信息。下拉菜单控制在项目编译后如何显示扩展的文档编号参数的已编译名称。

- Never display superscript：从不显示文档编号的上标。
- Always display superscript：始终显示文档编号的上标。
- Display superscript if necessary：当逻辑文档号和已编译文档号不同时，将显示上标。

2.5.2.4 如何设置原理图的自动对焦参数

自动对焦参数原理如图 2-21 所示。

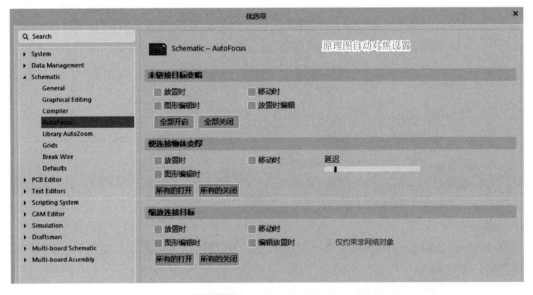

图 2-21 原理图自动对焦设置

(1) 未链接目标变暗

- 放置时：勾选此项，在放置一个对象时，会将该对象连接网络上的所有对象变暗。
- 图形编辑时：勾选此项，在重新调整连接对象的大小时，原理图图纸上所有未连接的对象变暗。
- 移动时：勾选此项，当移动连接到原理图图纸上已连接对象网络的对象时，所有未连接的对象变暗。
- 放置时编辑：勾选此项，当编辑连接的对象时，会调暗原理图所有未连接的对象。

- 全部开启：打开上边的所有选项。
- 全部关闭：关闭上边的所有选项。

(2) 使连接物体变厚

该选项组用来设置对连接对象的加强显示。有 3 个复选框供选择，分别是"放置时""移动时""图形编辑时"，其他的设置同上。

(3) 缩放连接目标

该选项组用来设置对连接对象的缩放。有 5 个复选框供选择，分别是"放置时""移动时""图形编辑时""编辑放置时""仅约束非网络对象"。第 5 个复选框在选中"编辑放置时"复选框后，才能进行选择，其他设置同上。

2.5.2.5　如何设置原理图的自动缩放参数

可以设置元件的自动缩放形式，主要通过"Library AutoZoom"（元件自动缩放）选项卡完成，如图 2-22 所示。

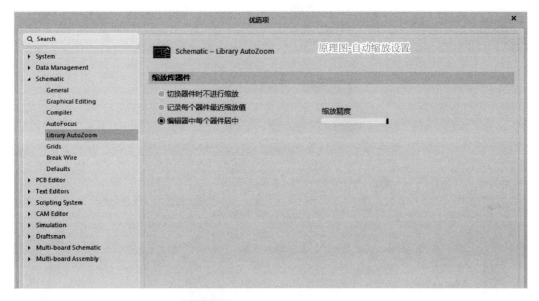

图 2-22　原理图自动缩放参数设置

- 缩放库器件

该标签设置有 3 个单选按钮供用户选择："切换器件时不进行缩放""记录每个器件最近缩放值""编辑器中每个器件居中"。设计者根据自己的实际情况选择即可。系统默认选中"编辑器中每个器件居中"单选按钮，"缩放精度"调至最大。

2.5.2.6　如何设置原理图的栅格参数

对于各种网格，除了数值大小的设置外，还有形状、颜色等也可以设置，主要通过"Grids（栅格）"选项卡进行设置，界面如图 2-23 所示。

2.5.2.7　如何设置原理图的连线切割参数

在设计电路的过程中，有时需要擦除某些多余的线段，如果连接线条较长或连接在该线段上的元器件数目较多，我们不希望删除整条线段，但此项功能可以使用户在设计原理图过程中更加灵活，具体界面如图 2-24 所示。

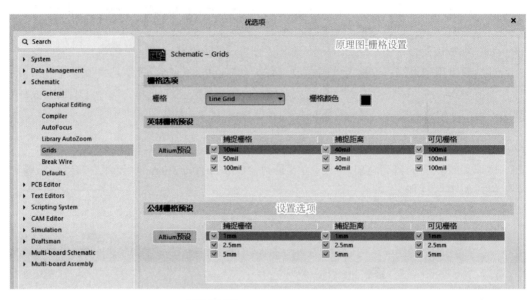

图 2-23　原理图栅格参数设置

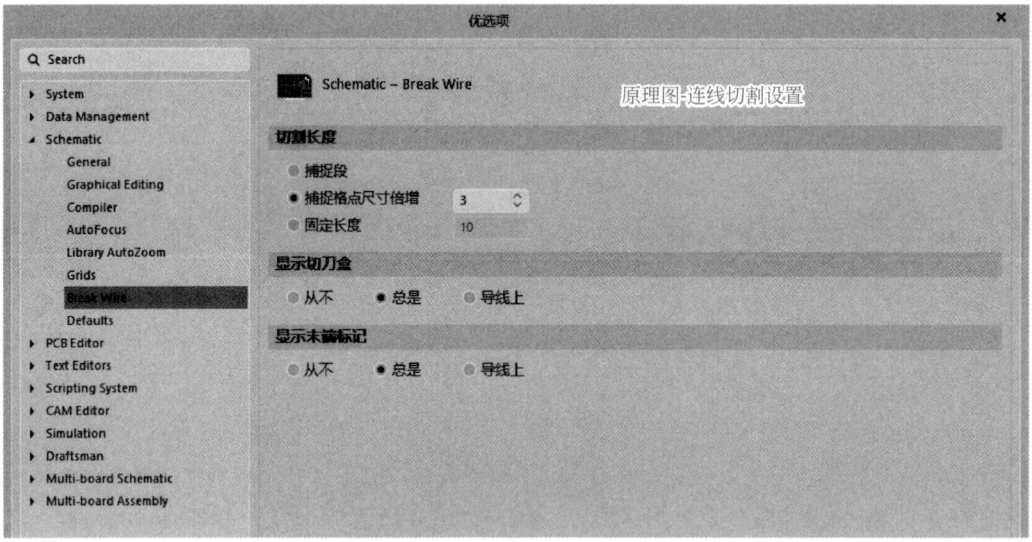

图 2-24　原理图连线切割参数设置

2.5.2.8　如何设置原理图的默认参数

设置原理图下所有对象的默认参数，如图 2-25 所示。

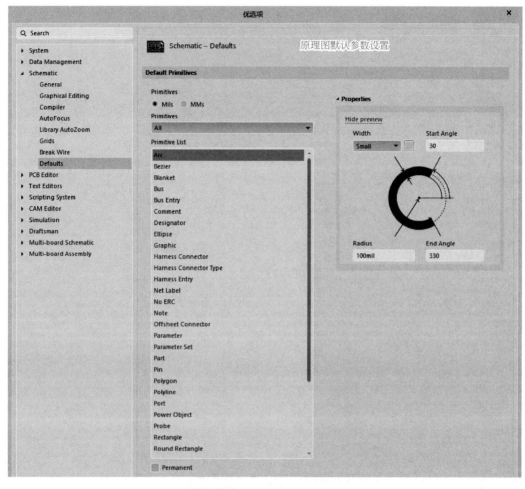

图 2-25 原理图默认参数设置

2.5.3 如何设置 PCB 参数

(1) PCB 基本参数设置

PCB 基本参数设置，如图 2-26 所示。

❶ 编辑选项

• 在线 DRC：勾选此项，使能在线实时规则检查，在进行 PCB 设计时，同时进行规则检查，如果发现不符合设置的设计规则，将立即进行报错提示。不勾选则需要手动进行规则检查。

• 对象捕捉选项（部分选项说明如下）

捕捉到中心点：勾选此项，移动焊盘或过孔时，光标将捕捉到对象的中心，移动零部件时，光标会捕捉到零部件的参考点，移动轨迹线段时，光标会捕捉到顶点。

智能元件捕捉：勾选此项，当点击选择一个元器件时，光标会出现在离点击处最近的焊盘上，否则光标会直接跳转到该器件的参考点。

Room 热点捕捉：勾选此项，光标跳到电气热点。

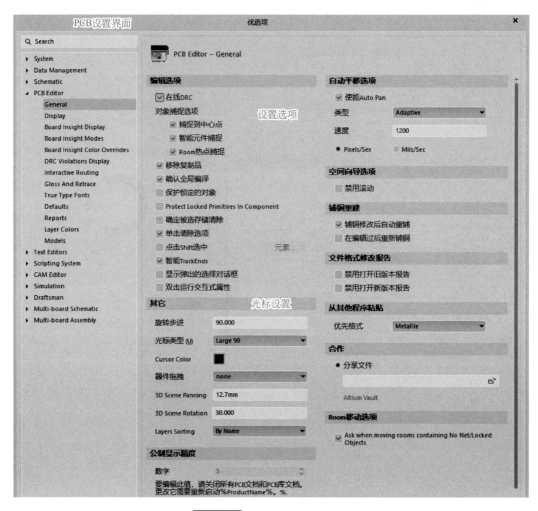

图 2-26 PCB 基本参数设置

- 移除复制品：勾选此项，数据导出时移除重复图元。
- 确认全局编译：勾选此项，进行全局编辑需要确认。
- 保护锁定的对象：勾选此项，保护锁定的对象。
- 确定被选存储清除：勾选此项，单击鼠标左键可以取消选择。
- 单击清除选项：勾选此项，单击清除元件。
- 点击 Shift 选中：勾选此项，需要按住 Shift 才能选择元件。
- 显示弹出的选择对话框：勾选此项，当单击同一个位置有多个对象时将弹出选择对话框，否则需要双击。
- 双击运行交互式属性：勾选此项，双击打开属性面板，否则打开模态对话框。

❷ 其它

- 旋转步进：设置对象选中的步进，最小角度为 0.001°，默认 90°，默认逆时针旋转，按住 "Shift" 时顺时针旋转。
- 光标类型：设置光标的显示类型下拉菜单包括如下信息。

Small 90——小型十字光标。

Large 90——大型十字光标。

Small 45——旋转了 45°的小型十字光标。

· Cursor Color：颜色选择。

· 器件拖拽：下拉选择拖拽器件时，器件上连线是否一起移动。

· 3D Scene Panning：设置 3D 视图单次平移对象的平移量。

· 3D Scene Rotation：设置在 3D 视图下单次旋转的角度。

· Layers Sorting：通过下拉选择 PCB 各层的排序方式，可以选择按名称或者按编号的方式。

❸ 公制显示精度

· 数字设置单位为 mm 时小数点位数。

❹ 自动平移选项

· 使能 Auto Pan：勾选此项，当光标移动到窗口边缘时，图纸将向光标方向移动。

· 类型：设置平移的方式。

· 速度：每一移动后将光标移动到窗口中心。

Pixels/Sex——平移速度按像素 / 秒计算。

Mils/Sec——平移速度按 Mil/ 秒计算。

❺ 空间向导选项

· 禁用滚动：禁止空间导航。

❻ 铺铜重建

· 铺铜修改后自动重铺：勾选此项，自动重铺修改过的铜。

· 在编辑过后重新铺铜：勾选此项，自动重铺编辑过铜。

❼ 文件格式修改报告

· 禁用打开旧版本报告：勾选此项，打开之前版本创建的文件将不会创建报告。

· 禁用打开新版本报告：勾选此项，打开更新版本创建的文件将不会创建报告。

❽ 从其他程序粘贴

· 优先格式

Metafile：优先处理图元文件，如果没有图元文件将处理文本数据。

Text：处理文本数据忽略图元文件，如果没有文本数据将处理图元文件。

❾ 合作

· 分享文件：选择文件存放路径用于服务器协作。

· Altium Vault：勾选此项，允许通过服务器协作。

❿ Room 移动选项

· Ask when moving rooms containing No Net/Locked Objects：勾选此项，当移动不含网络或锁定对象的 Room 时，将会弹出确认对话框。

(2) PCB 显示参数设置

PCB 显示参数，如图 2-27 所示。

❶ 显示选项

· 抗混叠：勾选此项，使用 3D 抗锯齿功能。

· Use Animation：勾选此项，在缩放、翻转 PCB 或开关层的时候启用动画效果。

❷ 高亮选项

· 完全高亮：勾选此项，则选中的对象以当前选择颜色高亮显示，否则所选对象仅以当前所选颜色显示轮廓。

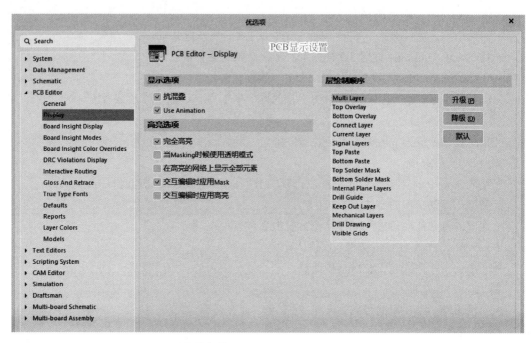

图 2-27　PCB 显示参数设置界面

• 当 Masking 时候使用透明模式：勾选此项，当对象被屏蔽时启用透明显示。

• 在高亮的网络上显示全部元素：勾选此项，即使在单层模式时，仍然会显示高亮网络上的所有对象。

• 交互编辑时应用 Mask ：勾选此项，在交互布线时会将未选择的对象调暗，方便选中的网络布线。

• 交互编辑时应用高亮：勾选此项，在交互式编辑模式下仍可以高亮显示对象（使用"View Configuration Panel"中的"系统高亮显示"颜色）。

❸ 层绘制顺序：设置图层重新绘制的顺序，最上边的层是出现在所有图层顶部。

• 升级：单击一次选中的层将上移一个位置。

• 降级：单击一次选中的层将下移一个位置。

• 默认：恢复默认排序。

（3）PCB 细节显示参数设置

PCB 细节显示参数如图 2-28 所示。

❶ 焊盘与过孔显示选项

• 应用智能显示颜色：勾选此项，软件自动控制显示焊盘与过孔详情的字体特征，也可以选择手动设置。

• 字体颜色：设置显示焊盘与过孔详情的字体颜色。

• 透明背景：设置显示焊盘与过孔详情的透明背景。

• 背景色：设置背景颜色。

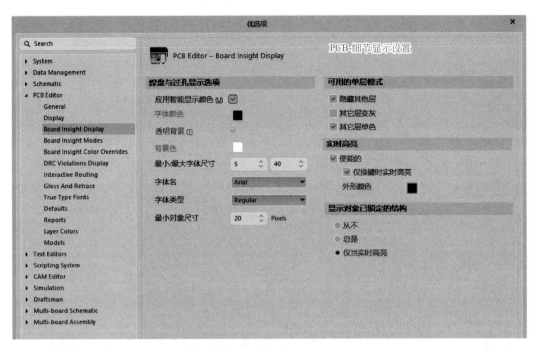

图 2-28 PCB 细节显示参数设置

- 最小 / 最大字体尺寸：设置字体大小的值。
- 字体名：当前设置用于显示焊盘与过孔详情的字体，通过下拉菜单可以修改字体。
- 字体类型：设置显示字体的风格（加粗、斜体加粗、斜体、常规）。
- 最小对象尺寸：设置显示焊盘与过孔详情对象的最小尺寸，以像素为单位。

❷ 可用的单层模式

- 隐藏其他层：仅显示选中的层，隐藏其他层。
- 其它层变灰：高亮显示选中的层，其它层变灰。
- 其它层单色：高亮显示选中的层，其他层对象显示灰色阴影。

❸ 实时高亮

- 使能的：勾选此项，当光标移动到网络上，相应的网络高亮。
- 仅换键时实时高亮：勾选此项，按住 Shift 按键，网络才会高亮。
- 外形颜色：设置轮廓颜色。

❹ 显示对象已锁定的结构

它是设置何时显示锁定对象的标识，锁定标识是一个钥匙图案。

- 从不：从不显示锁定标识。
- 总是：总是显示锁 定标识。
- 仅当实时高亮：时钟始终显示锁定标识。

(4) PCB 细节模式参数设置

PCB 细节模式参数如图 2-29 所示。

❶ 显示

- 显示抬头信息：勾选此项，显示抬头信息，为工作区的左上角，一般信息包括格点坐标、尺寸、层、动作等。Shift+H 按键可关闭左上角显示信息。

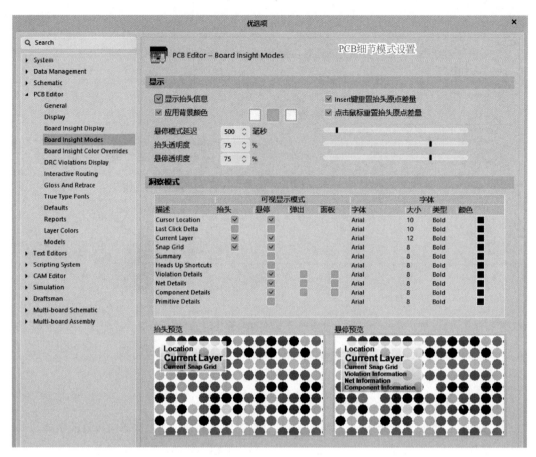

图 2-29　PCB 细节模式参数设置

• 应用背景颜色：勾选此项，抬头信息在透明背景上显示。

• Insert 键重置抬头原点差量：勾选此项，按 Insert 键将光标位置与原点位置的偏移量清零。偏移量数据显示，可通过按键 Shift+D 开关。

• 点击鼠标重置抬头原点差量：勾选此项，按鼠标左键将光标位置与原点的偏移量清零。

• 悬停模式延迟：设置悬停显示延时。

• 抬头透明度：设置抬头显示透明度。

• 悬停透明度：设置悬停显示透明度。

❷ 洞察模式：网格列出了可以在抬头信息和悬停信息内显示的内容，用户可以自由选择，面板栏的信息勾选后将会显示在属性面板里，弹出栏的信息会在弹出的对话框中显示。按 Shift+X 会弹出光标处的对象信息，按 Shift+V 会弹出光标处冲突信息。

• 抬头预览：抬头显示信息预览。

• 悬停预览：悬停显示信息预览。

（5）PCB 显示颜色参数设置

PCB 显示颜色参数，如图 2-30 所示。

❶ 基础样式：选择板细节显示的基本图案，可用图案为无（图层颜色）、纯色（替代颜

色）、星形、棋盘格、圆形和条纹。

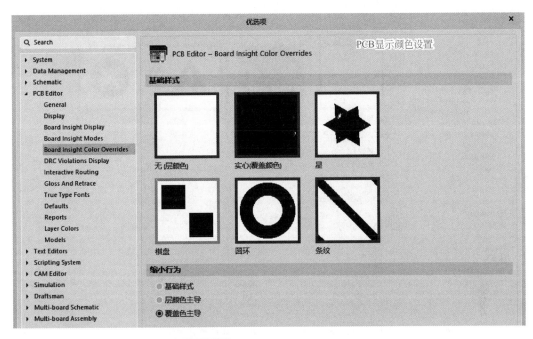

图 2-30　PCB 显示颜色参数设置

❷ 缩小行为

• 基础样式：缩放时缩小基本图案。

• 层颜色主导：缩放时层颜色占主导，直到颜色变化不明显为止。

• 覆盖色主导：缩放时替代颜色占主导，直到颜色变化不明显为止。

(6) PCB 规则现实冲突参数设置

当出现 DRC 错误或警告，显示的样式设置、覆盖的颜色可在此面板进行设置，具体如图 2-31 所示。

❶ 冲突 Overlay 样式

• 无（板层颜色）：不设置覆盖样式，仅显示图层颜色。

• 实心（Overlay 颜色）：直接纯色覆盖图层颜色。

• 样式 A：在图层颜色上添加感叹号图案。

• 样式 B：在图层颜色上添加"×"图案。

❷ Overlay 缩小行为

• 基本样式比例：缩放时缩小基本图案。

• 板层颜色主导：缩放时层颜色占主导，直到颜色变化不明显为止。

• 覆盖颜色主导：缩放时覆盖颜色占主导，直到颜色变化不明显为止。

❸ 选择 DRC 冲突显示样式：设置每类规则的显示风格，根据设计者使用习惯进行定义的字体颜色等，显示冲突的详细信息设置。

(7) PCB 交互式布线参数设置

PCB 交互式布线参数如图 2-32 所示。部分选项说明如下。

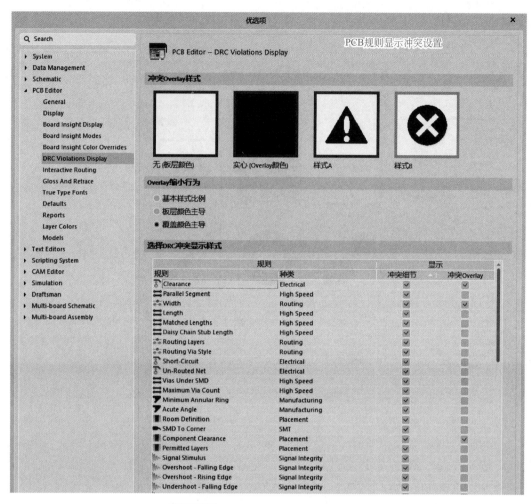

图 2-31 PCB 规则现实冲突参数设置

❶ 布线冲突方案：布线过程中使用 Shift+R 可以切换避障方案模式。

• 忽略障碍：勾选此项，允许布线直接通过障碍，忽略障碍的存在。

• 推挤障碍：勾选此项，布线时可以推挤障碍，如果无法推挤，将显示布线路径受阻。

• 绕开障碍：勾选此项，布线时将绕过路径上的障碍。

• 在遇到第一个障碍时停止：勾选此项，布线将在第一个障碍处停止。

• 紧贴并推挤障碍：勾选此项，布线时优先绕行障碍，无法绕过则推挤障碍走线，如果无法推挤则显示布线路径受阻。

• 在当前层自动布线：勾选此项，允许在当前层进行自动布线。

• 多层自动布线：勾选此项，允许在所有线路层上进行自动布线。

• 当前模式：显示当前选择的避障模式。

❷ 交互式布线选项

• 自动终止布线：勾选此项，当完成一个路径的连接时将自动退出布线模式，否则继续保持。

• 自动移除闭合回路：勾选此项，当对一个路径进行重新布线或优化布线时，会自动删除冗余的布线，此处包括以下两个选项。

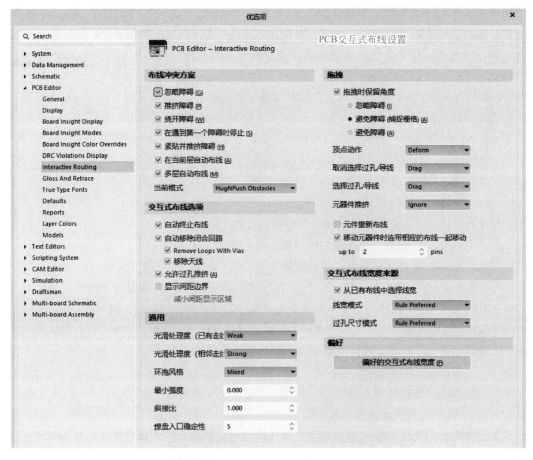

图 2-32 PCB 交互式布线参数设置界面

Remove Loops With Vias：勾选此项，删除冗余路径时，路径上的过孔也会被删除。

移除天线：勾选此项，将删除未形成完整路径（即只有一端连接有焊盘）的线或圆弧，防止形成天线。

• 允许过孔推挤：勾选此项，允许布线避障模式设置为"Push Obstacles"和"Hug And Push Obstacles"时推挤过孔。

• 显示间距边界：勾选此项，进行布线时将会显示设置间距边界，可以很清楚地看到允许走线的空间，布线过程中可通过 Ctrl+W 开启或关闭该功能。

• 减小间距显示区域：勾选此项，缩小间距界限显示范围，实际效果是淡化间距边界的清晰度。

❸ 通用

• 光滑处理度：下拉菜单选择平滑走线效果，布线过程中可使用 Ctrl+Shift+G 切换设置。

已有走线（Weak）：弱平滑模式，适用于处理关键走线或微调布局的时候。

相邻走线（Strong）：强平滑模式，适用于开始布线的时候。

• 环抱风格：选择绕行障碍的方式（45°角，圆形、混合模式）。

• 最小弧度：设置最小圆弧比，一般设置为 0。

• 斜接比：设置斜接比，当前斜接比下可走的 U 形的最小宽度即为斜接比乘以走线宽度，输入大于等于 0 的值。斜接是指在布线过程中为防止形成 90°角而自动添加的短对角线段。斜接的大小由当前斜接比确定。默认功能是拖动走线段时，任何附加的斜接也会被拖动。拖动时按快捷键 C 可选择在拖动时不添加斜接。再次按 C 即可重新启用拖动时的添加斜接功能。

- 焊盘入口稳定性：平滑走线时保护从焊盘中心出线的走线。

❹ 拖拽

- 拖拽时保留角度：勾选此项，拖拽过程中保持角度。
- 忽略障碍：拖拽时忽略障碍。
- 避免障碍（捕捉栅格）：基于格点避开障碍。
- 避免障碍：拖拽时避开障碍。
- 顶点动作：顶点动作配置，使用空格键切换模式。
    ① Deform：断开或延长连接线，保证拐点跟随光标移动。
    ② Scale：保持拐角形状，重定义连接线的尺寸，保证拐点随光标移动。
    ③ Smooth：重新定义拐角形状，每个受影响的拐角都插入圆弧，变成弧形拐角。
- 取消选择过孔 / 导线：设置未选择的过孔或线的默认动作（移动、拖拽）。
- 选择过孔 / 导线：设置选中的线或过孔默认动作（移动、拖拽）。
- 元器件推挤：设置元器件避障动作，按 R 切换模式。
    ① Ignore：忽略其他元器件，默认设置。
    ② Push：推挤其他元器件。
    ③ Avoid：避开其他元器件。
- 元件重新布线：勾选此项，移动元器件后将自动重新连接元器件网络，按 Shift+R 关闭该功能。
- 移动元器件时连带相应的布线一起移动：勾选此项，移动元器件时相应的走线将同步移动，使用 Shift+Tab 选择设置，禁能后 Shift+Tab 无效。
- up to：指定管脚数，如果元器件管脚数大于该设置数量，则上述操作无效。

❺ 交互式布线宽度来源：在交互式布线时，设置交互式布线线宽。

- 从已有布线中选择线宽：勾选此项，将从现有的布线选择线宽。
- 线宽模式：布线线宽模式。
    ① User Choice：勾选此项，使用线宽对话框选择，按 Shift + W 弹出对话框。
    ② Rule Minimum：勾选此项，布线采用线宽规则的最小线宽布线。
    ③ Rule Preferred：勾选此项，布线采用线宽规则的推荐线宽布线。
    ④ Rule Maximum：勾选此项，布线采用线宽规则的最大线宽布线。
- 过孔尺寸模式：选择过孔尺寸。
    ① User Choice：勾选此项，使用过孔尺寸对话框选择，按 Shift + V 弹出对话框。
    ② Rule Minimum：勾选此项，按过孔规则的最小尺寸放置过孔。
    ③ Rule Preferred：勾选此项，按过孔规则的推荐尺寸放置过孔。
    ④ Rule Maximum：勾选此项，按过孔规则的最大尺寸放置过孔。

❻ 偏好：设置常用的线宽尺寸，便于线宽模式为 User Choice 时进行选择。

(8) PCB 布线优化参数设置

PCB 布线优化参数如图 2-33 所示。

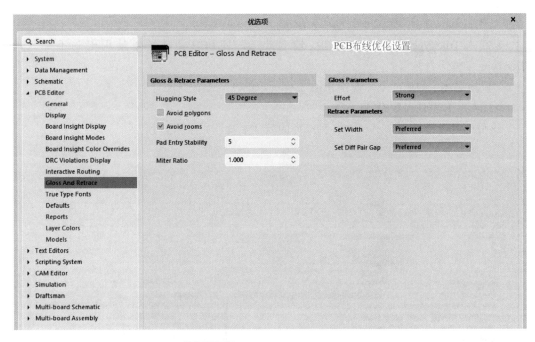

图2-33 PCB 布线优化参数设置

(9) PCB 字体参数设置

PCB 字体参数如图 2-34 所示。

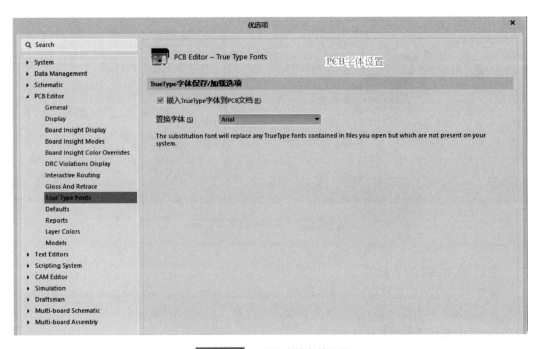

图2-34 PCB 字体参数设置

以 TrueType 字体保存 / 加载选项为例：

• 嵌入 TrueType 字体 PCB 文档：勾选此项，使 PCB 文件可以使用电脑上导入的 TrueType 字体。

• 置换字体：勾选此项，设置 PCB 文件使用的默认 TrueType 字体。

(10) PCB 默认参数设置

该页面可设置 PCB 工作区内各种组件的默认参数，如图 2-35 所示。

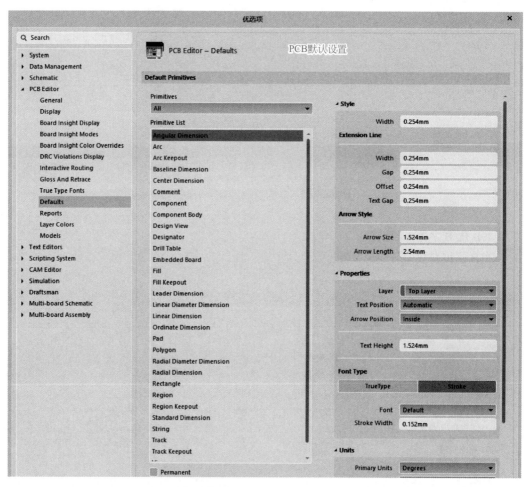

图 2-35　PCB 默认参数设置

(11) PCB 规则报告设置

设置 PCB 生成的各种报告（规则检查、网络状态、板信息、BGA 扇出、移动器件原点到格点、层堆叠信息）包含的文档类型以及存储位置，如图 2-36 所示。

(12) PCB 图层颜色参数设置

该页面可设置 PCB 各图层颜色，如图 2-37 所示。

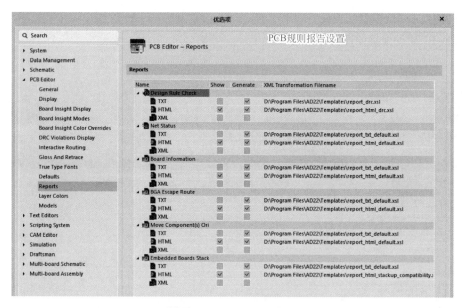

图 2-36　PCB 规则报告设置

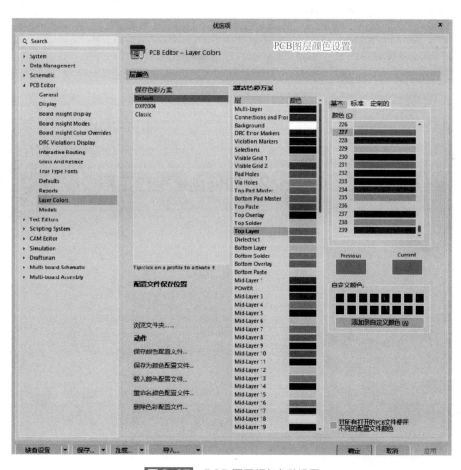

图 2-37　PCB 图层颜色参数设置

(13) PCB-3D 模型配置设置

PCB-3D 模型配置如图 2-38 所示。

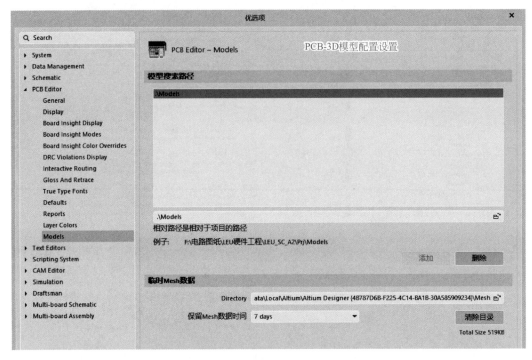

图 2-38 PCB-3D 模型配置设置

2.6 Altium Designer22 如何创建空白工程

第三章

Altium Designer22
如何自制元器件库

3.1 初步了解元器件符号的作用与意义

Altium Designer 原理图中的元器件主要如图 3-1 中所示,元器件符号中的管脚序号需要和电子元器件实物的管脚的定义一致。所以在创建元器件时,元器件的表示形式可以和实物不完全一样,但是在元器件管脚序号和管脚定义方面,要严格按照元器件厂家资料中的参数进行设定。

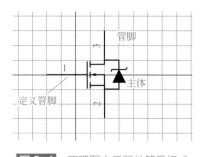

图 3-1 原理图中元器件符号组成

3.2 初步了解原理图元器件库

Altium Designer 原理图元器件库编辑器是编辑、制作元器件的工具。下面对元器件库编辉器界面进行介绍。

❶ 主界面菜单栏说明：元器件库编辑界面如图 3-2 所示。

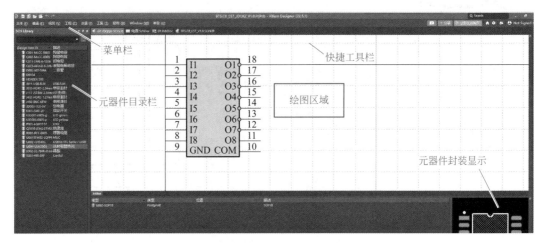

图3-2 元器件库编辑界面

❷ 菜单栏内容介绍：菜单栏中，文件、编辑、视图、工程，目录中所包括内容如图 3-3、图 3-4 所示。设计者可以进行了解。

图3-3 元器件库菜单栏选项内部介绍（1）

图 3-4 元器件库菜单栏选项内部介绍（2）

3.3 如何创建新元器件

(1) 创建新的器件

在本书上一章中，已经叙述了如何创建原理图元器件库，此处就不再重复描述。在元器件库编辑器界面菜单栏中，选择"工具—新器件"，新建一个新元器件，如图 3-5 所示。

(2) 新元器件命名

选择"新器件"创建元器件之后，对新元器件依据自己需要进行命名，如图 3-6 所示。如果需要对已命名的元器件重新命名，可以选中此元件双击，进入元器件编辑栏进行重命名，具体如图 3-7 中所示。

图 3-5 添加和新建元器件

图 3-6 创建新元器件后命名

(3) 如何绘制元器件

❶ 元器件符号边框绘制

绘制元器件边框有两种方法：

a. 在元器件库编辑器界面菜单栏中，选择"放置—矩形"，如图 3-8（a）所示。

b. 在元器件库编辑器界面快捷菜单栏中，点击"放置矩形图标"，如图 3-8（b）所示。

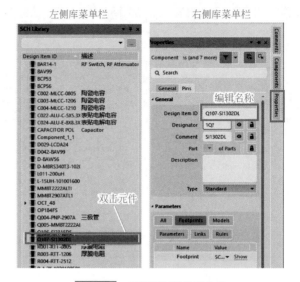

左侧库菜单栏　　　　右侧库菜单栏

图 3-7　创建新元器件重命名

用以上方法会得到一个已变成十字形鼠标的指针，并附带一个矩形框显示在绘图工作区中。移动鼠标到合适的位置，单击鼠标左键，可以先行确定矩形边框的一个顶点，继续移动鼠标，达到自己需要图形大小时，单击鼠标左键，确定矩形边框的对角顶点。

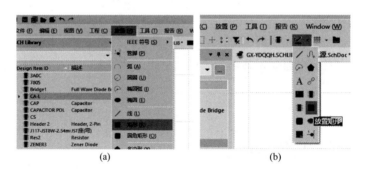

(a)　　　　　　　　　　　　(b)

图 3-8　绘制元器件

如果绘制的矩形框不符合自己需求，可以在未确定第一个顶点时，单击鼠标右键或者按 Esc 键退出放置，如已经确认第一个顶点，双击鼠标右键或者按两次 Esc 键退出放置，然后依次放置管脚、编辑管脚等。

❷矩形框属性设置　图形放置完毕后，还可以在矩形框上单击鼠标左键，根据箭头提示拖动矩形框进行大小调整。双击矩形框，对其属性进行设置，如图 3-9 所示。

❸管脚放置并设置　元器件管脚放置。

绘制元器件管脚有两种方法。

a. 在元器件库编辑器界面菜单栏中，选择"放置—管脚"，如图 3-10（a）所示。

b. 在元器件库编辑器界面快捷菜单栏中，点击"放置管脚"，如图 3-10（b）所示。

将管脚移动到已绘制好矩形框的合适位置，放置管脚时，管脚的一端会有一个"X"标识，表示管脚的电气连接特性，把有电气特性的一端朝外放置，用于原理图设计连接其他器件时的电气连接，然后单击鼠标左键完成放置，如不需要放置，单击右键或者按 Esc 键退出放置。放置的过程中可以通过操作空格键来调整管脚方向。

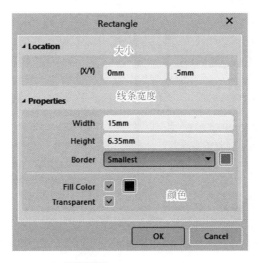

图 3-9　矩形框属性设置

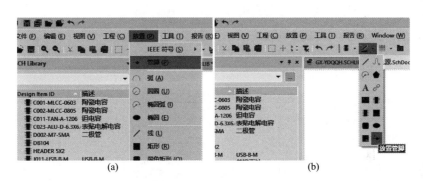

(a)　　　　　　　　　　　　(b)

图 3-10　放置元器件管脚

❹ 管脚属性设置　在放置管脚的过程中按 Tab 键或者放置完成后，双击左键，可以对管脚属性进行设置，如图 3-11、图 3-12 所示。

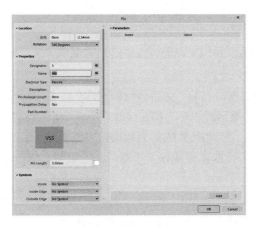

图 3-11　管脚属性设置

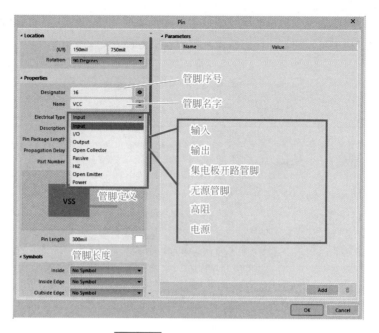

图 3-12　主要管脚属性设置

❺ 元器件绘制过程　绘制元器件如图 3-13 所示。

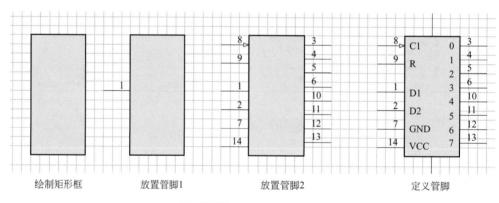

绘制矩形框　　　　放置管脚1　　　　放置管脚2　　　　定义管脚

图 3-13　绘制元器件（1）

❻ 绘制其他元器件　依照上一元器件步骤绘制完矩形框后，根据元件内部实际情况绘制内部图形，具体如图 3-14 所示。然后依次放置管脚、编辑管脚等。绘制过程如图 3-15 所示。

❼ 绘制的元器件添加 PCB 封装　元器件绘制完成后，需要给元器件添加一个 PCB 封装，便于以后绘图。打开原理图元器件库，右键点击需要添加的元器件，选择"模型管理器"找到需要添加封装的元器件，按照图 3-16 中进行操作，添加完成后如图 3-17 所示。

❽ 元器件属性设置　元器件完成以上步骤后，绘制基本便已完成，这时需要对元器件属性进行设置。

在元器件库编辑器面板菜单栏中，选择"工具 - 器件属性"，或者在元器件左侧库面板中，左键双击该元器件名称，具体如图 3-18、图 3-19 所示。打开此元件属性对话框，如

图 3-20 所示。

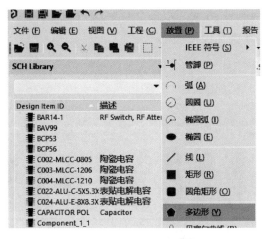
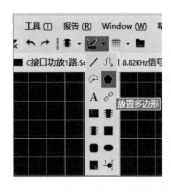

图 3-14　绘制元器件（2）

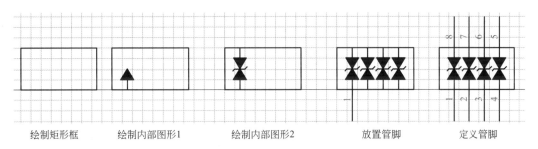

绘制矩形框　　　绘制内部图形1　　　绘制内部图形2　　　放置管脚　　　定义管脚

图 3-15　绘制元器件（3）

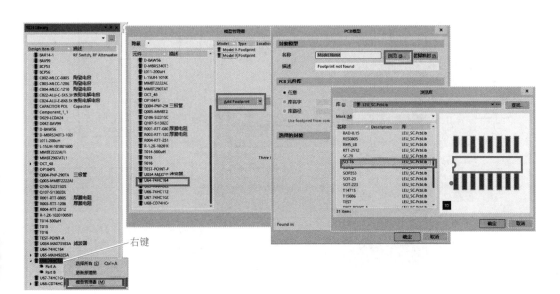

右键

图 3-16　元器件添加封装

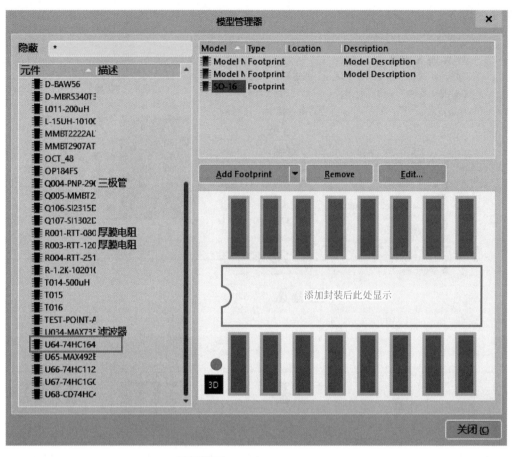

图 3-17　元器件添加封装以后

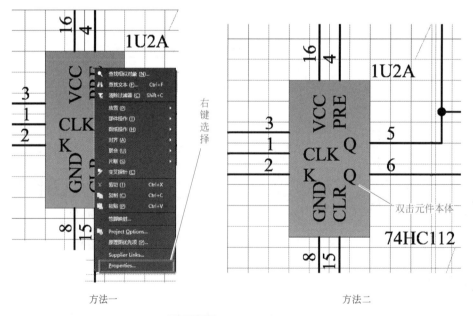

方法一

方法二

图 3-18　打开元器件属性栏

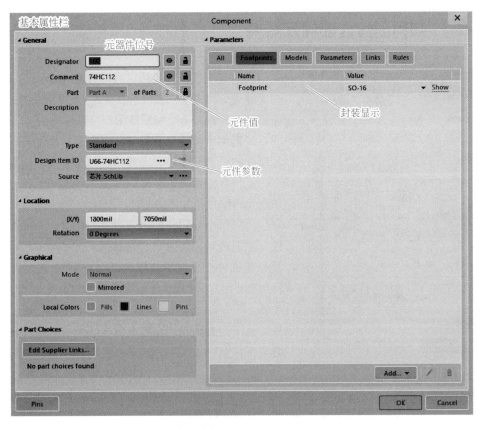

图 3-19　元器件属性栏

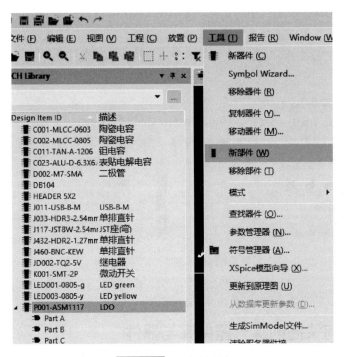

图 3-20　子部件创建

3.4 如何创建含部件元器件

图 3-21 元器件属性设置

为了便于设计者绘图，有时会将一个较为复杂的元器件划分为多个部件（子部件），子部件设置好电气连接，这样有利于绘制原理图和查看原理图。

元器件子部件属于整体元器件的一个部分，如果元器件被分为子部件，元器件中的子部件不能少于两个，元器件的管脚也会被分配到不同的子部件中。具体创建方法描述如下。

按照单个元器件的创建方法创建 IC、FPGA 等器件。在面板列表中选中此元器件，选择菜单栏中"工具—新部件"或使用快捷键"T+W"，会创建两个子件"Part A"和"Part B"，如图 3-20 所示。依照以上步骤，可以依次创建出"Part C""Part D"或更多部件。对于元器件属性设置，双击选中主元器件进行设置，不需要单个设置，如图 3-21 所示。

3.5 如何在原理图中生成元器件库

如果设计者手中已经有了一份完整的电路原理图，需要使用这张原理图中元器件封装，可以操作 Altium Designer 软件中的工具，生成需要的元器件库。

打开原理图，菜单中选择"设计—生成原理图库"，如图 3-22 所示。然后就会自动生成一个元器件库，库的名字与工程名字相同，生成路径在工程根目录下。

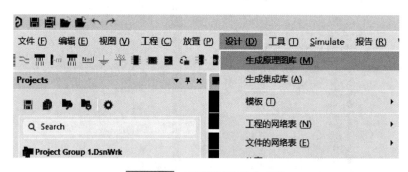

图 3-22 元器件库自动生成图

3.6 如何快捷创建元器件库与器件

为了方便设计者快捷创建器件库和器件，设计者可以将整个元器件库或器件进行复制操作，拷贝到当前工程或器件库。可以用 Ctrl+C 和 Ctrl+V 进行操作。也可以进入器件库列表进行此操作，如图 3-23 所示。

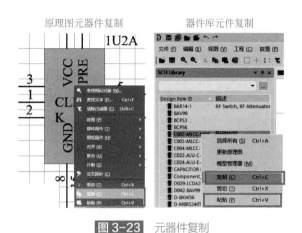

图 3-23 元器件复制

3.7 如何对已创建元器件进行检查

打开 SCH Library（元器件库）面板，选中需要检查的元器件。菜单栏中选择"报告—器件规则检查"，选择器件检查规则，查看器件检查报告，如图 3-24、图 3-25 所示。

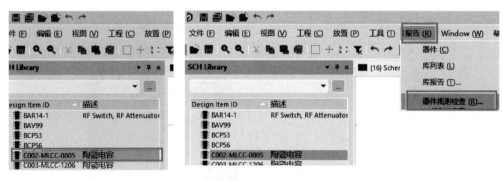

图 3-24 元器件检查

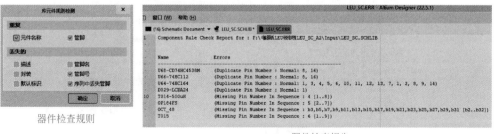

器件检查规则

器件检查报告

图 3-25 元器件检查规则与报告

第四章

Altium Designer22
如何创建 PCB 封装库

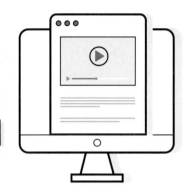

4.1　PCB 封装简介

PCB 封装一般由焊盘、阻焊层、管脚号、外框丝印等组成，如图 4-1 所示。

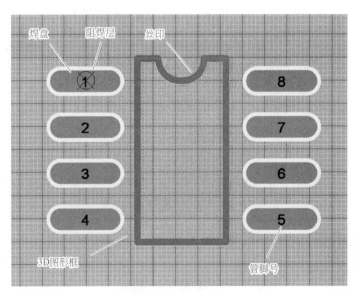

图 4-1　PCB 封装的组成

4.2 认识 PCB 库编辑界面

PCB 库编辑界面主要包含菜单栏、工具栏、绘制工具栏、面板栏、PCB 封装列表、PCB 封装信息显示、层显示、状态信息显示及绘制工作区域，界面简洁明了，便于设计者操作使用，如图 4-2 所示。

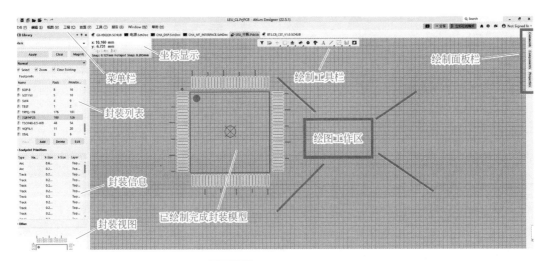

图 4-2 PCB 库编辑界面

以下是 PCB 库菜单栏中的内部选项内容，具体如图 4-3、图 4-4 所示。

图 4-3 PCB 库菜单栏内部界面（1）

图 4-4　PCB 库菜单栏内部界面（2）

4.3　如何制作 PCB 封装

4.3.1　如何使用元器件向导制作器件封装

PCB 元器件库编辑界面有一个元器件向导，创建元器件的 PCB 封装十分方便。

❶ 在工作面板的菜单栏中，选择"工具"，单击鼠标的左键，选择点击 "元器件向导"，出现元器件 "封装向导"，如图 4-5 所示。

(a)

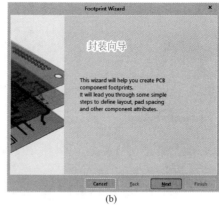

(b)

图 4-5　封装向导命令

❷ 按照封装向导流程，选择创建 SOP 系列封装，根据需求自行选择单位。在这里习惯性地选用选择了 "mil"，如图 4-6 所示。

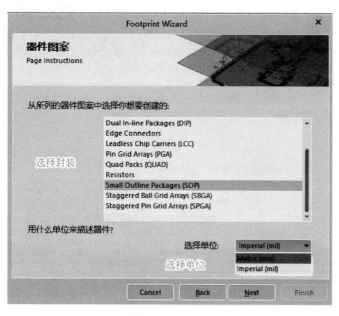

图 4-6 向导参数选择

❸ 对照 SOP8 元件的相关数据手册，依照数据手册填写相关参数。

❹ 按照参数手册制作完成后，单击 "Finish" 按钮，SOP8 封装创建完成，如图 4-7 ～ 图 4-12 所示。

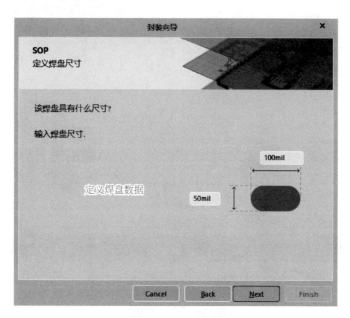

图 4-7 焊盘参数选择

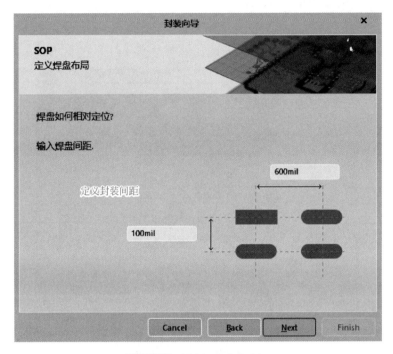

图 4-8 封装间距参数选择

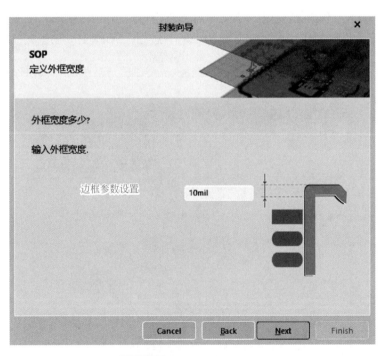

图 4-9 封装边框参数选择

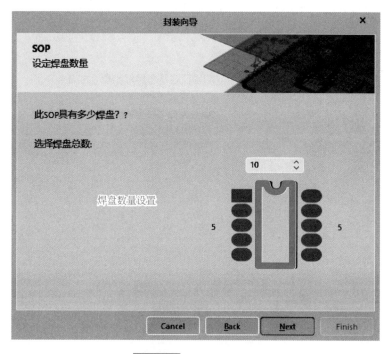

图 4-10　焊盘参数选择

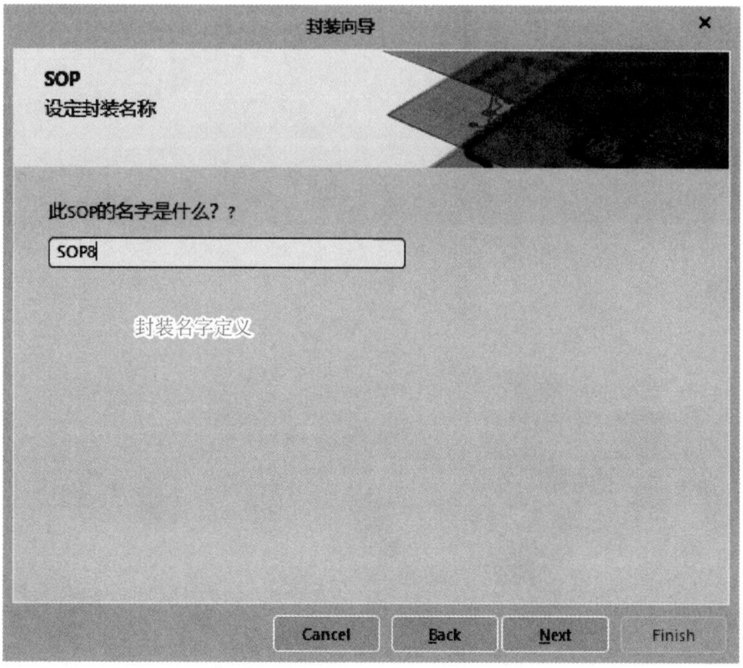

图 4-11　封装名字定义

图 4-12　封装制作完成

❺ 创建好的 PCB 封装见图 4-13。

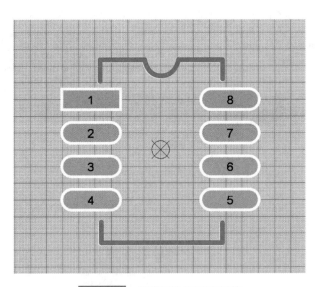

图 4-13　创建好的 SOP8 封装

4.3.2　如何手工制作器件封装

❶ 在 PCB 库菜单栏中选择"工具 - 新的空元件"，新建一个名为"PCBCOMPONENT_1"

的元器件，如图 4-14 所示。

图 4-14 新建 PCB 新器件

❷ 如果想重新命名此元器件，双击"PCBCOMPONENT_1"，可以更改这个元器件的名称；也可以在菜单中选择"工具—元件属性"栏中单击鼠标左键，打开属性栏，进行重新命名，如图 4-15 所示。

(a)

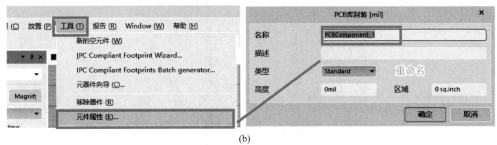

(b)

图 4-15 元器件重命名

❸ 从网站上查看或下载相关数据手册，上面详细列出了元件封装焊盘的长和宽、焊盘间距、管脚序号和元件标识等参数信息，可以根据这些信息创建 PCB 封装，这里以 SOP8 封装为例，如图 4-16 所示。

❹ 在"Top Overlay"层图形菜单选择"放置线条"，绘制 PCB 封装边框外形图如图 4-17 所示。

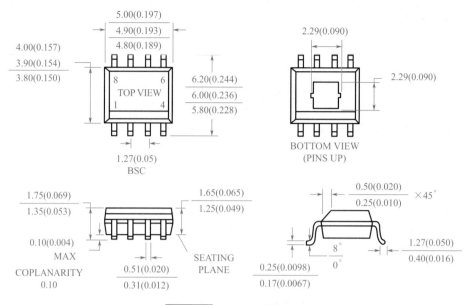

图 4-16 SOP8 数据手册

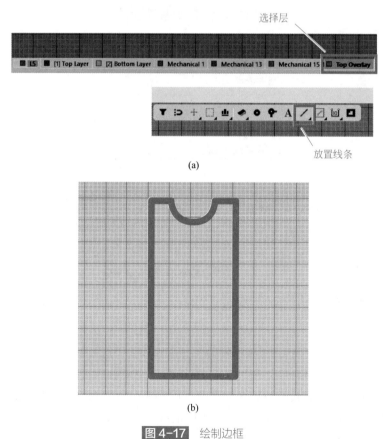

(a)

(b)

图 4-17 绘制边框

❺ 根据元件手册中 PCB 参数放置焊盘进行属性设置，如图 4-18 所示。

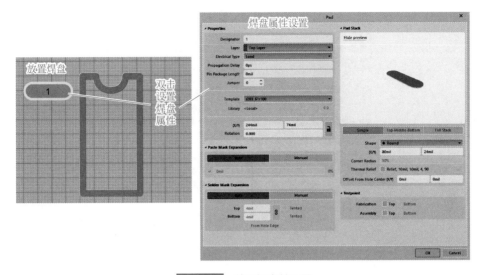

图 4-18 放置焊盘并设置

❻ 焊盘放置完成后，效果图如图 4-19 所示。

❼ 设置 PCB 元件封装参考点，由于此项涉及以后使用贴片机贴装元件的定位问题，对于 SMT 贴片元器件，参考点都将设置为元器件中心。设置过程如图 4-20 所示，设置效果如图 4-21 所示。

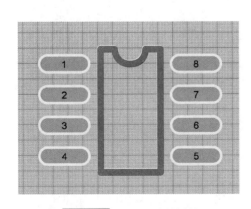

图 4-19 绘制完成的封装

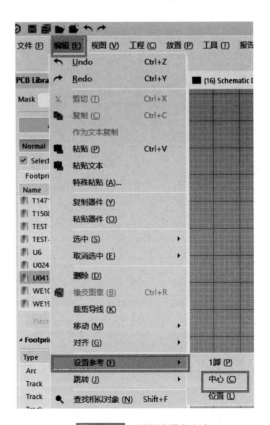

图 4-20 封装设置参考点

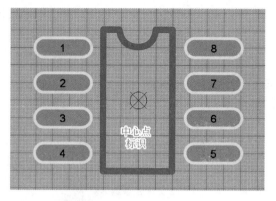

图 4-21　设置完成参考点后封装

4.3.3　如何制作 3D 器件封装

❶ 在 PCB 元件库中可根据设计者需要，选择自己需要添加 3D 体的封装，如图 4-22 所示。

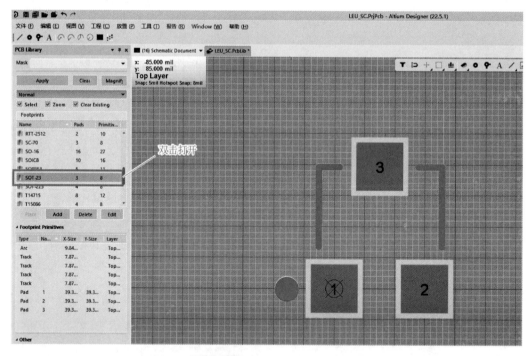

图 4-22　打开需要创建封装

❷ 在 PCB 库菜单界面选择"放置—3D 元件体"，过程如图 4-23 所示。

❸ 封装绘制好 3D 元件体框后，双击进行元件体的设置过程，如图 4-24 所示。

❹ 设置好 3D 元件体框后，在菜单栏中选择"视图—切换到 3 维模式"，单击进行元件

体的查看，如图 4-25 所示。

图 4-23 创建过程

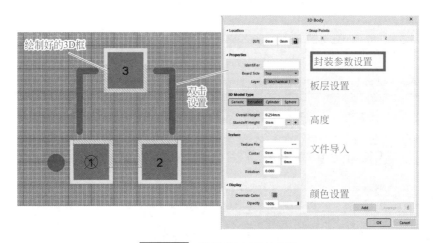

图 4-24 设置 3D 元件体参数

图 4-25 设置 3D 元件体参数

4.3.4　如何利用 IPC 封装创建向导并快速创建封装

❶ 首先在菜单栏选择"工具—IPC Compliant Footprint Wizard"，如图 4-26 所示。

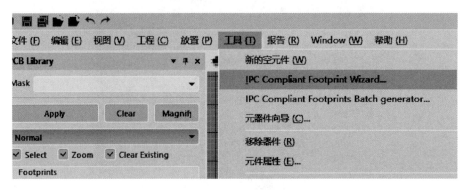

图 4-26　利用 IPC 封装创建

❷ 绘制过程一，如图 4-27 所示。

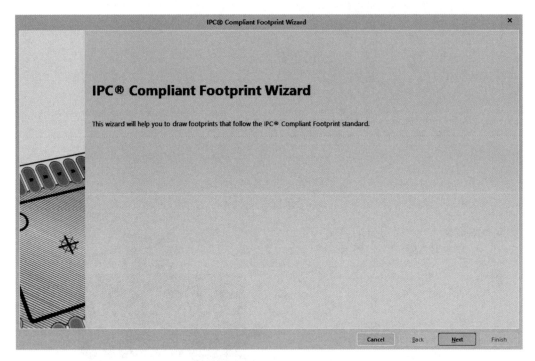

图 4-27　IPC 封装创建过程一

❸ 绘制过程二，如图 4-28 所示。

❹ 绘制过程三，如图 4-29 所示。

❺ 绘制过程四，如图 4-30 所示。

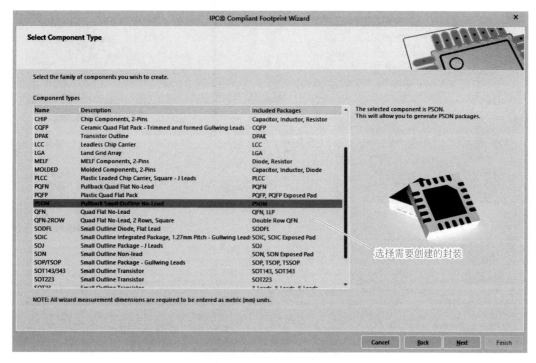

图 4-28　IPC 封装创建过程二

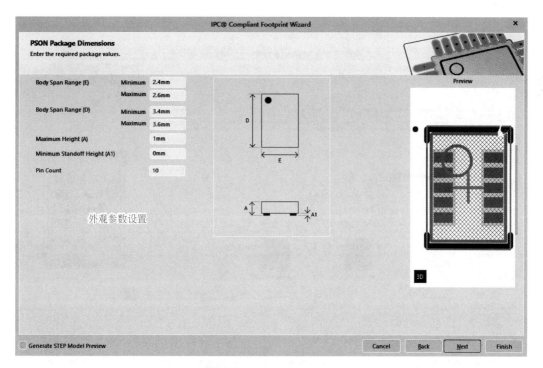

图 4-29　IPC 封装创建过程三

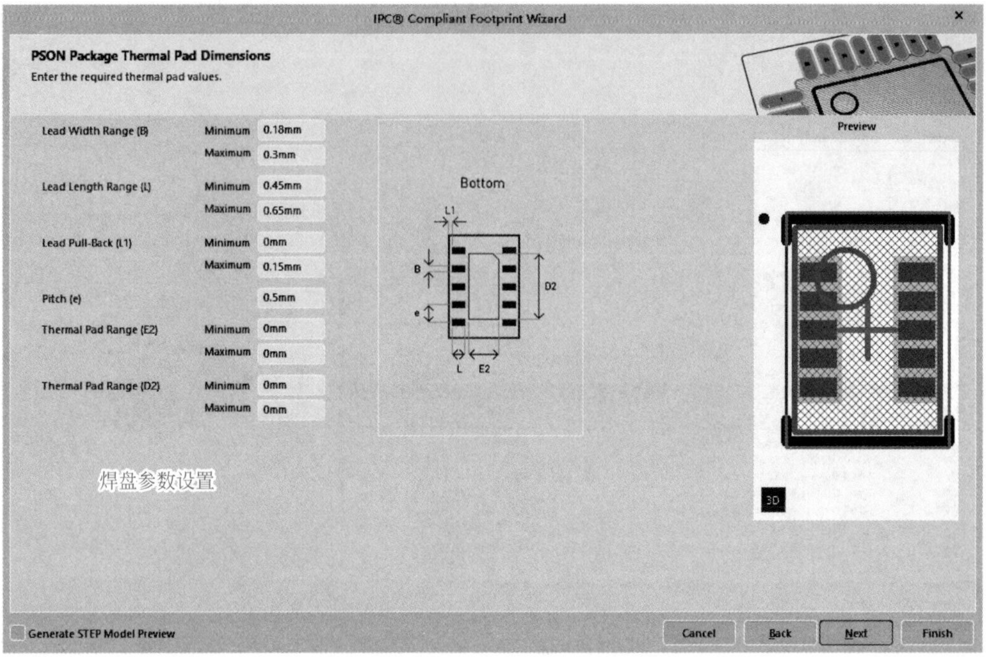

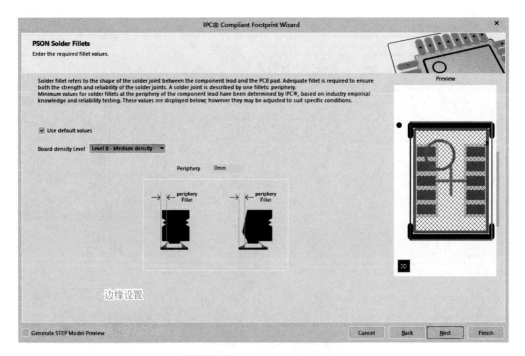

图 4-30　IPC 封装创建过程四

❻ 绘制过程五，如图 4-31 所示。

图 4-31　IPC 封装创建过程五

❼ 绘制过程六，如图 4-32 所示。

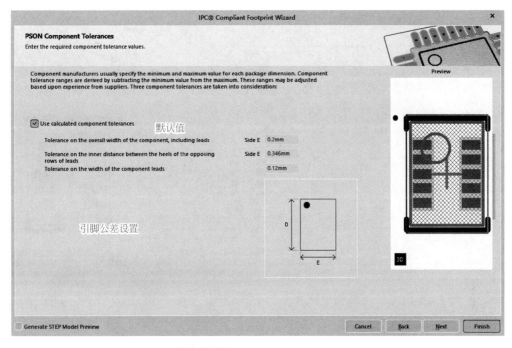

图 4-32　IPC 封装创建过程六

❽ 绘制过程七，如图 4-33 所示。

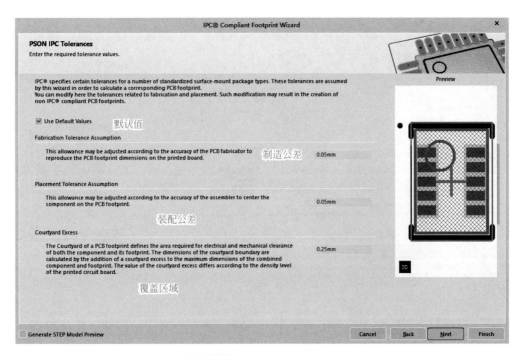

图 4-33　IPC 封装创建过程七

⑨ 绘制过程八，如图 4-34 所示。

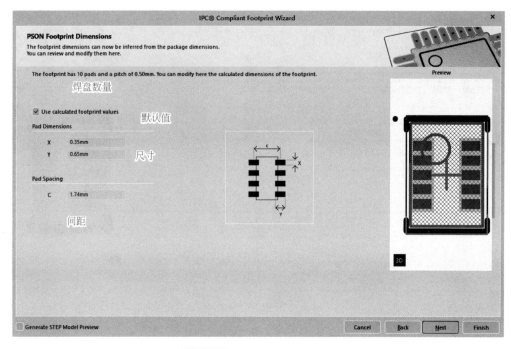

图 4-34　IPC 封装创建过程八

⑩ 绘制过程九，如图 4-35 所示。

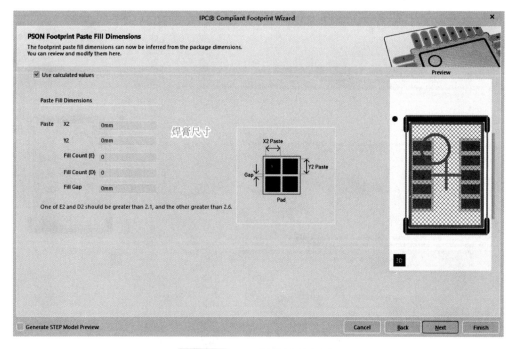

图 4-35　IPC 封装创建过程九

⑪ 绘制过程十，如图 4-36 所示。

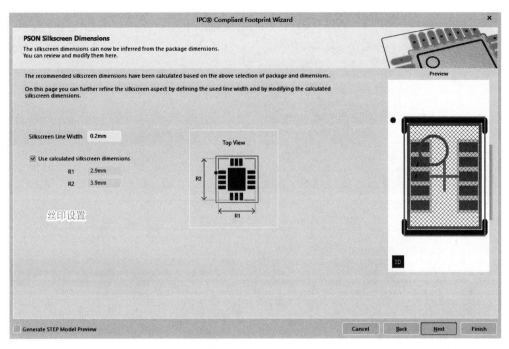

图 4-36 IPC 封装创建过程十

⑫ 绘制过程十一，如图 4-37 所示。

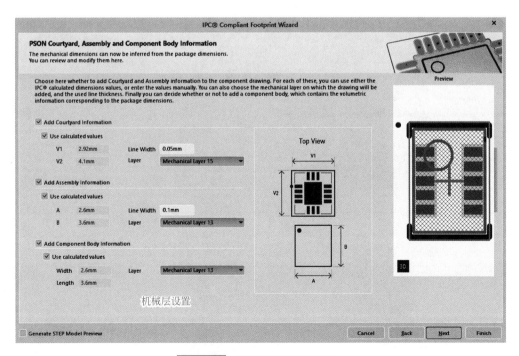

图 4-37 IPC 封装创建过程十一

⓭ 绘制过程十二，如图 4-38 所示。

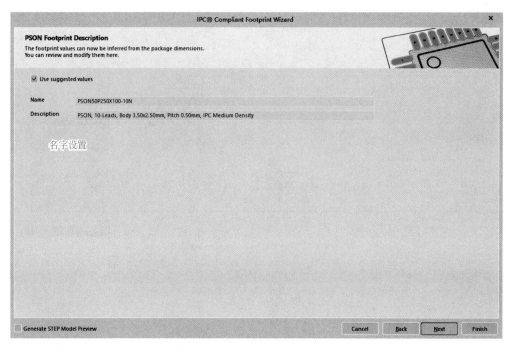

图 4-38 IPC 封装创建过程十二

⓮ 绘制过程十三，如图 4-39 所示。

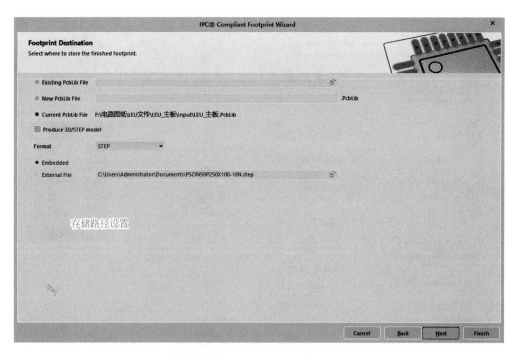

图 4-39 IPC 封装创建过程十三

⑮ 绘制过程十四，如图 4-40 所示。

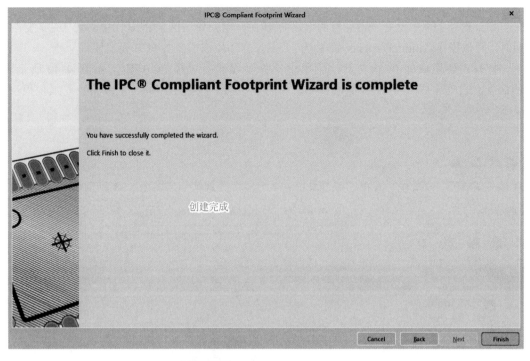

图 4-40　IPC 封装创建过程十四

⑯ 绘制过程十五，绘制完成后，如图 4-41 所示。

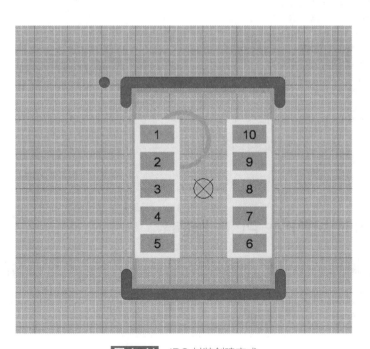

图 4-41　IPC 封装创建完成

4.4 　如何使用 PCB 文件生成封装库

如果设计者手中已有一份完整的电路 PCB 图，需要使用这张 PCB 图中的元器件进行封装时，可以操作 Altium Designer 软件中的工具，自动生成需要的 PCB 元器件库。

打开需要生成的 PCB 文件，菜单中选择"设计—生成 PCB 库"，如图 4-42 所示。然后就会自动生成一个 PCB 元器件库，库的名字与工程名字相同，生成路径在工程根目录下。

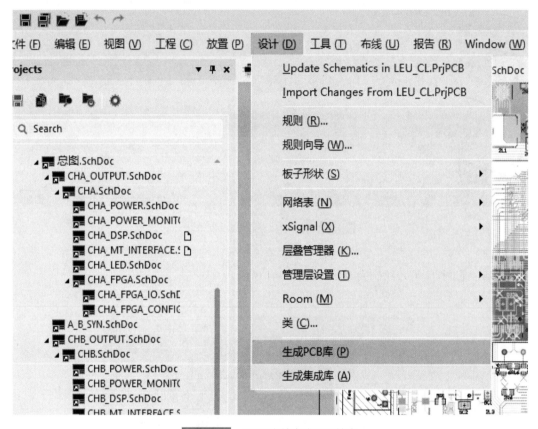

图 4-42　PCB 文件生成元器件库

4.5 　如何快捷制作 PCB 封装库

为了方便设计者快捷创建 PCB 元器件库和器件，可以将整个 PCB 元器件库或器件进行复制操作，拷贝到当前工程或器件库。可以用 Ctrl+C 和 Ctrl+V 进行操作。也可以进入元器件库列表进行此操作，如图 4-43 所示。

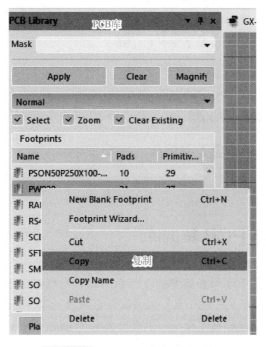

图 4-43　快捷创建 PCB 元器件库

4.6　如何对 PCB 封装库进行检查和报告查看

　　打开 PCB Library（PCB 元器件库）面板，选中需要检查的 PCB 元器件。菜单栏中选择"报告—元件规则检查"，选择元件规则检查，查看器件检查报告，如图 4-44、图 4-45 所示。

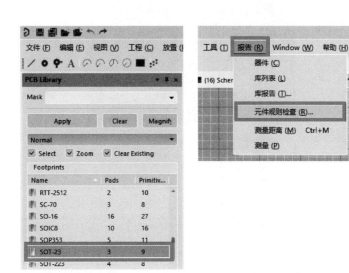

图 4-44　PCB 封装库元器件规则检查操作

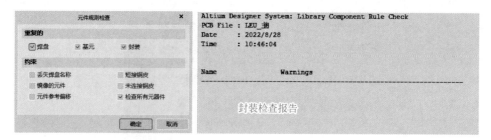

封装检查报告

图 4-45　PCB 封装库元器件规则检查及报告

4.7　如何制作 PCB 集成库

如果设计者手中已经有了一份完整的电路 PCB 图，可以将这张 PCB 图中元器件封装，可以操作 Altium Designer 软件中的工具，生成需要的 PCB 元器件集成库，便于集中管理。

生成过程中，打开菜单选择"设计—生成集成库"，新建一个集成库工程文件。保存路径根据设计者自行选择即可，如图 4-46 所示。

图 4-46　生成集成库

第五章

Altium Designer22
如何绘制原理图

原理图"Schematic Diagram"，就是表示电路板上各个器件之间连接关系的原理。在产品设计开发中，原理图的作用显得格外重要，可以从原理图设计延伸到"PCB layout"PCB布线，PCB中的布线都是基于原理图来进行连接的，所以在原理图设计中要十分谨慎，这样可以避免设计中出现许多不必要的错误。

5.1 初步了解原理图设计界面

原理图编辑界面主要包括菜单栏、绘图快捷工具栏、原理图目录栏、面板栏、编辑工作区等，如图 5-1 所示。

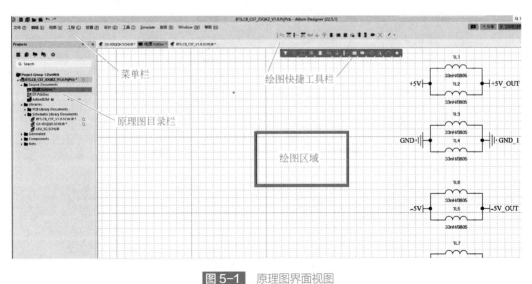

图 5-1 原理图界面视图

5.2 如何设置原理图文档

在绘制原理图前需要设计者对原理图进行简单设置,这样既可以方便设计者操作,也可以提高绘制原理图的效率。

5.2.1 如何设置原理图尺寸

在原理图菜单栏选择"工具—原理图优先项"或在已打开的原理图任意位置单击右键,进行设置。可以根据设计者设置所需的尺寸,如图 5-2、图 5-3 所示。

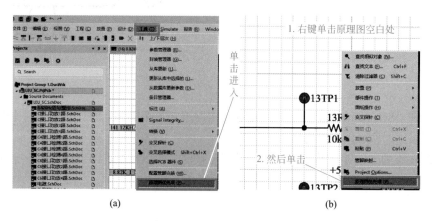

(a)　　　　　　　　　　　　　(b)

图 5-2　原理图尺寸设置

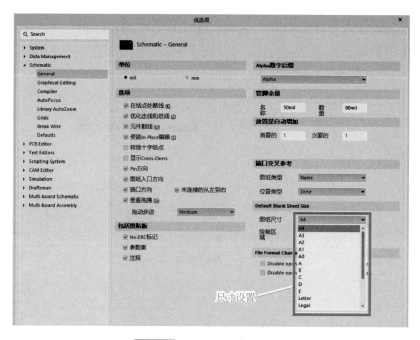

图 5-3　原理图页面尺寸设置

5.2.2 如何更改原理图模板

Altium Designer 提供的原理图模板，包含了设计标题栏、外观属性的设置。示例模板如图 5-4 所示。设计者在实际设计中，有时候需要用到一些专业设计模板，而这些模板需要自己定义。

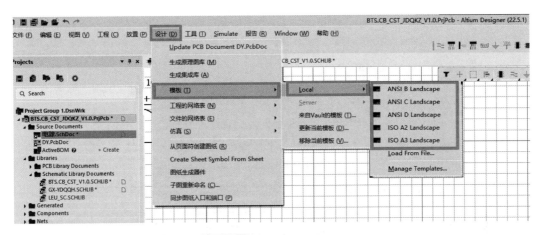

图 5-4 文件示例模板查看

(1) 系统示例模板使用

在菜单选择"设计—模板—Local"，选择需要的模板，如图 5-4 所示。

(2) 自定义模板的使用

在菜单选择"设计—模板—更新当前模板"，选择自定义模板，如图 5-5 所示。

(3) 模板的删除

如果设计者不需要这个模板时，可对模板进行删除，在菜单选择"设计—模板—移除当前模板"，可以删除当前使用的模板，如图 5-6 所示。

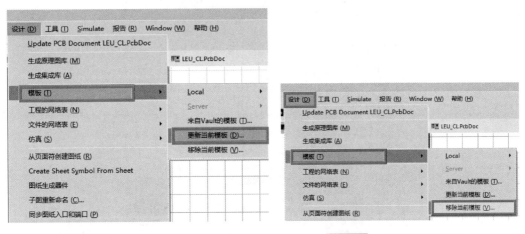

图 5-5 更新项目当前模板   **图 5-6** 不需要模板的移除

5.2.3 如何设置原理图栅格

原理图栅格的设置可以方便放置元器件和导线对齐，还可以美化原理图。

（1）原理图栅格设置

在菜单选择"工具—原理图优选项—Grids"，进入原理图栅格设置。同时也可以对捕捉栅格、可见栅格的大小进行设置，如图 5-7 所示。

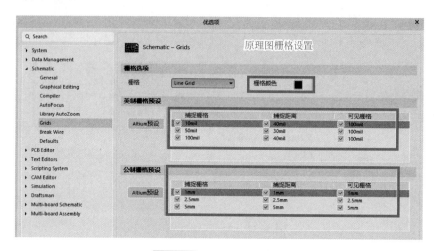

图 5-7　原理图栅格设置

（2）原理图可视网格显示设置

在菜单选择"视图—栅格—切换可视栅格"，可以对栅格进行显示或者关闭操作，也可以按快捷键"VGV"进行设置，如图 5-8 所示。

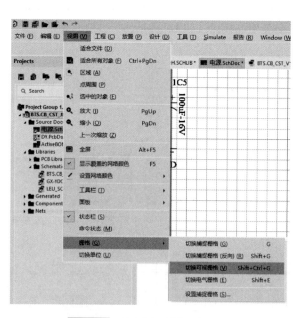

图 5-8　原理图可视化栅格设置

(3) 原理图捕捉栅格设置

在菜单栏选择"视图—栅格—设置捕捉栅格"进行原理图捕捉栅格设置，设计者也可以根据自己习惯进行设置，笔者推荐设置为 10 或 10 的倍数，如图 5-9 所示。

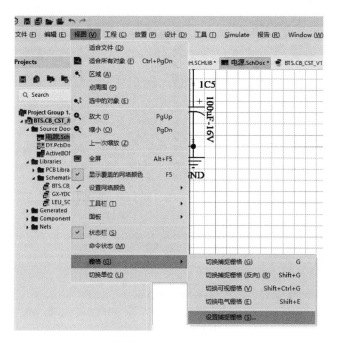

图 5-9 原理图捕捉栅格设置

5.3 如何在原理图放置元器件

5.3.1 如何放置元器件与属性设置

(1) 原理图元器件放置

通过点击右侧面板栏中的"Components"打开原理图元器件库。

在元器件库中，选中后双击或拖动到原理图都可以将元器件添加到原理图，如图 5-10、图 5-11、图 5-12 所示。

(2) 编辑元器件属性

电路原理图中的每个元器件都有相应的属性，这些属性中包括元器件编号、元器件参数值、PCB 封装。自定义参数一般包含生产厂商、物料编码等。元器件属性编辑器需通过双击元器件打开属性对话框获得，如图 5-13 所示。

❶ 元器件设置项目

元器件编号（Designator）：设计者根据元器件的类型可自行定义编号。注意元器件的编号不能有重复。如需锁定或解锁编号，单击编号右侧"锁定标志"选择是否锁定。

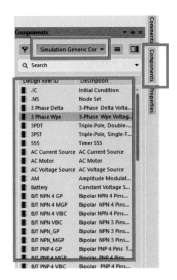

图 5-10　选择元器件库

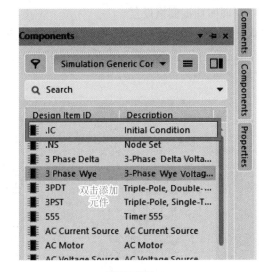

图 5-11　添加元器件

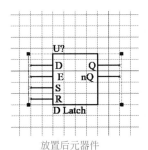

放置后元器件

图 5-12　添加元器件至原理图

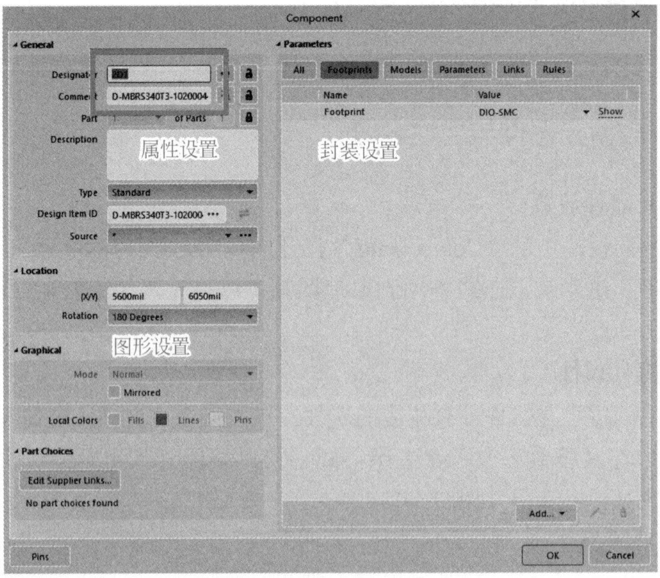

图 5-13　元器件属性设置栏

元器件注释（Comment）：设置元器件的参数，如阻值、容值、芯片型号等。

❷ 元器件封装添加：元器件根据图 5-14 进行封装添加，添加后如图 5-15 所示。

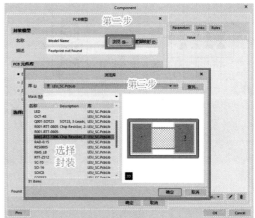

图 5-14 元器件封装添加

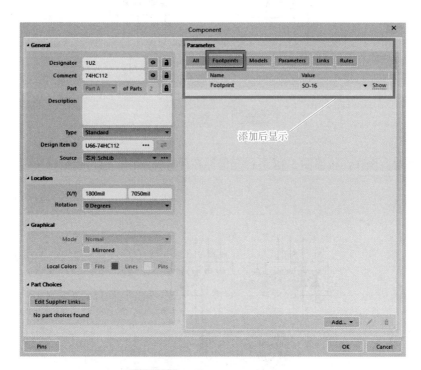

图 5-15 元器件封装添加后显示

5.3.2 如何对元器件操作

设计者在绘制原理图时，需要对元器件进行旋转、删除等操作，学习了这些操作，便于设计者更快地绘制原理图。按照图 5-16 进行元器件放置操作，按照图 5-17 中描述可以快捷复制出一个元件或单击选中此元件用 Ctrl+C 和 Ctrl+V 进行操作。

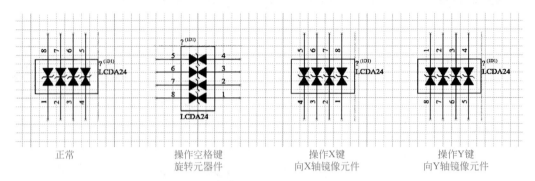

| 正常 | 操作空格键
旋转元器件 | 操作X键
向X轴镜像元件 | 操作Y键
向Y轴镜像元件 |

图 5-16 元器件放置操作

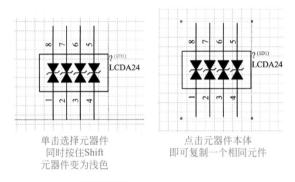

单击选择元器件　　　　　点击元器件本体
同时按住Shift　　　　　　即可复制一个相同元件
元器件变为浅色

图 5-17 元器件复制操作

　　元器件对齐操作，按照图 5-18 进行元器件各种对齐操作，也可以根据图中快捷键快速操作。

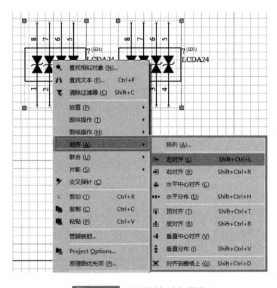

图 5-18 元器件对齐操作

5.4 如何在原理图中放置各类符号及文本

元器件放置完成后，就要对这些独立的器件进行连接，形成电气网络。

5.4.1 如何在原理图中绘制导线与设置属性

导线是用来连接电气元器件、具有电气特性的连线。

（1）绘制连接导线

绘制导线的方法如图 5-19 中所示。

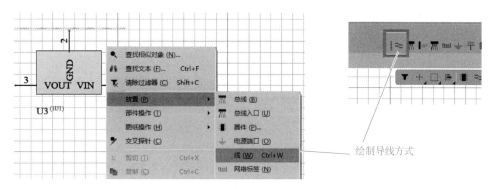

图 5-19 如何绘制导线

（2）导线属性设置

放置导线是同时按下 Tab 键，对导线属性进行设置，如图 5-20 所示。

❶ 线条粗细设置：根据设计者自行定义即可。

❷ 线条颜色设置：设计者根据自己喜好与用途对线条进行颜色设置。

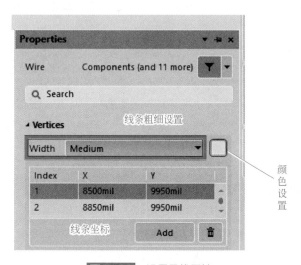

图 5-20 设置导线属性

5.4.2 如何绘制辅助线段

在设计原理图时，有时候需要分模块与区域，这时候就需要用到辅助线，辅助线是没有电气属性的线。绘制辅助线使用快捷键 P+D+L 进行放置，在放置状态下按 Tab 键，可以对辅助线属性进行放置，如图 5-21 所示。

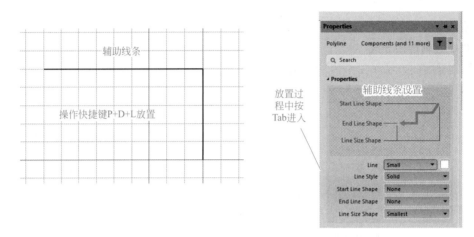

图 5-21 设置辅助线属性

5.4.3 如何放置网络标号

绘制原理图连线时，如果全部使用导线进行连接，整个原理图可读性就会下降，在分析电路时就会不便，此时就需要用到网络标号"Net Label"来进行连接，这样连接后分析电路简单，而且图纸可视性大大提高。

❶ 在菜单栏选择"放置—网络标签"或者按快捷键 P+N，如图 5-22 中所示。在放置网络标号时按 Tab 键，或者双击放置好的网络标号，进行属性设置，如图 5-23 所示。

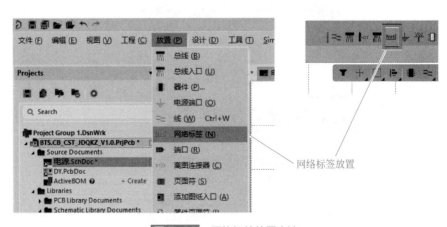

图 5-22 网络标签放置方法

❷ 将网络标号放置到导线上，进行可靠连接，如图 5-24 中所示。

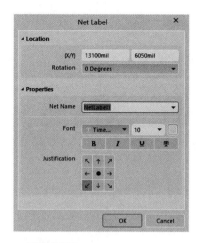

图 5-23 网络标号属性设置

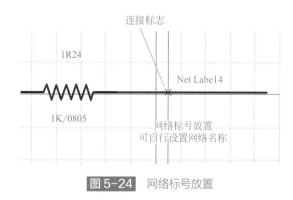

图 5-24 网络标号放置

5.4.4 如何放置电源符号

在电路原理图中，通过图 5-25 进行电源与地的端子放置。在放置状态下按 **Tab** 键，进入如图 5-26 所示的电源端口属性设置对话框，和网络标号属性类似，电源端口属性设置显示颜色、放置角度、显示图形形状及位置。

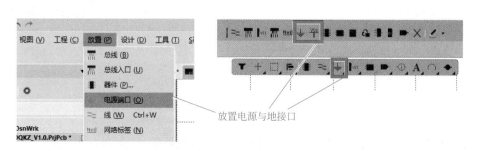

图 5-25 放置电源与地端子

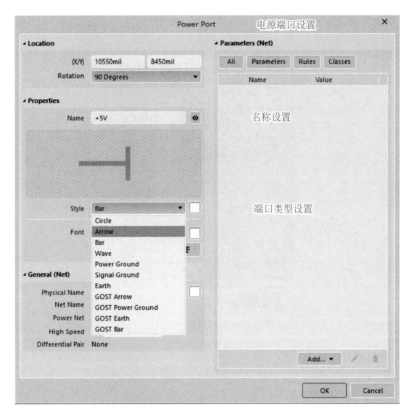

图 5-26　电源端口属性设置

5.4.5　如何放置元器件

元器件放置如图 5-27 所示。

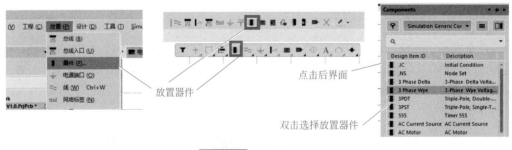

图 5-27　元器件放置

5.4.6　如何放置离线标识符

在原理图设计时，由于有时候不止一张图纸，会使用到多图纸功能，图纸页和图纸页间的线路连接就会用到离线标识符，具体放置方法如图 5-28、图 5-29 所示。

图 5-28 离线标识符属性设置

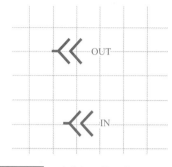

图 5-29 离线标识符风格设置

5.4.7　如何放置总线

在原理图中，虽然网络标号可以连接图纸中的导线，但是有时候需要大量连线连接时，网络标号太多，使设计者绘图工作量大量增加，同时不方便图纸分析。

总线是具有相同电气特性的一组导线，具有相同电气特性的导线数量很多时，使用总线的连接方式，使图纸简单明了，方便识图。

总线与总线分支需使用网络标号来区分各条分导线。总线、总线分支、网络标号必须是相同的，如图 5-30 所示。

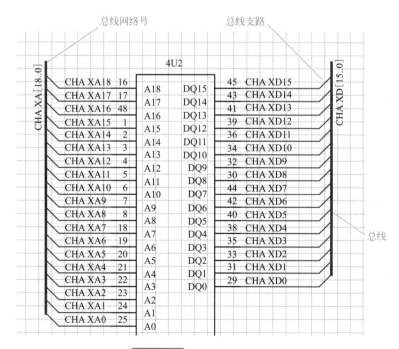

图 5-30 总线分支及标号

(1) 如何放置总线

❶ 菜单栏选择"放置—总线"（快捷键 P+B），或者直接单击如图 5-31 和图 5-32 所示的图标，进行放置。

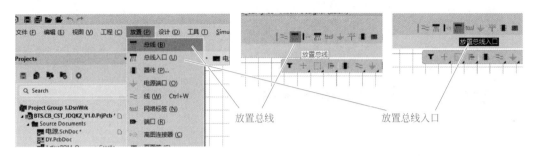

图 5-31　放置总线

CHA_XD[15..0]

	18	BIT16EN
CHA XD15	28	DATA15
CHA XD14	29	DATA14
CHA XD13	30	DATA13
CHA XD12	31	DATA12
CHA XD11	32	DATA11
CHA XD10	33	DATA10
CHA XD9	34	DATA9
CHA XD8	35	DATA8
CHA XD7	38	DATA7
CHA XD6	39	DATA6
CHA XD5	40	DATA5
CHA XD4	41	DATA4
CHA XD3	42	DATA3
CHA XD2	43	DATA2
CHA XD1	44	DATA1
CHA XD0	45	DATA0

CHA_XA[9..1]

| CHA XA9 | 48 | ADDR9 |

图 5-32　总线绘制

❷ 同时在放置状态下按 Tab 键，可以对总线的形状或颜色进行设置，如图 5-33 所示。

(2) 如何放置总线入口

❶ 操作快捷键 P+W，在元器件的管脚上画出一根线，如图 5-34 所示。

❷ 在菜单栏选择"放置—总线入口"及快捷键 P+U，或者单击如图 5-34 所示。

❸ 同时在放置状态下，按空格键可以旋转调整左右方向，然后在总线上单击放置，连接总线，如图 5-35 所示。

(3) 放置端口

端口是可以将具有相同输入 / 输出端口名称的电路，在电气上连在一起。

使用快捷键 P+R 或点击菜单命令"放置—端口"，同时按 Tab 键设置属性（输入 / 输出）等。放置端口时，先单击鼠标确定端口一个位置，然后再根据所需长度，单击确定其另一个位置。同时还要在端口上放置一个和端口名称相同的网络标号，如图 5-36、图 5-37 所示。

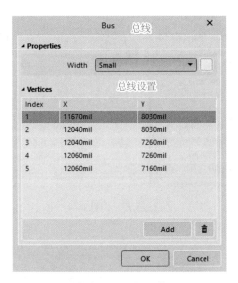

图 5-33　总线属性设置

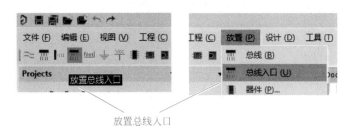

放置总线入口

图 5-34　总线绘制（1）

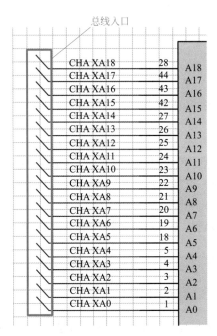

总线入口

图 5-35　总线绘制（2）

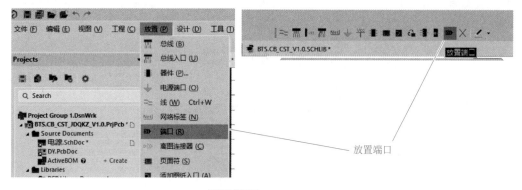

图 5-36　放置端口

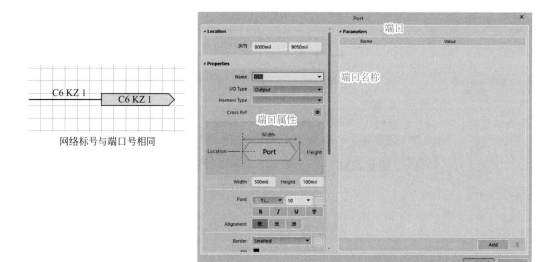

网络标号与端口号相同

图 5-37　端口属性设置

5.4.8　如何放置差分线标识符

在电路设计中，网络通信线、高频信号传输线、USB 信号线都会使用到差分走线，如何在原理图中添加差分线，这时候就需要添加差分线标识来进行解决。

❶ 在菜单栏选择"放置—指示—差分对"，指针会出现差分对标识，将其放置在需要差分标识的两条线上，如图 5-38 所示。

❷ 设计者根据需要，设置的差分对为"TX P"和"TX N"或者"RX P"和"RX N"。如图 5-39 所示。

5.4.9　如何放置忽略检查点（No ERC）

原理图中有时将对不需要检查的点进行标注，就是 No ERC 检查点，也叫忽略 ERC 检查点，意思就是该点所添加的元器件管脚在进行 ERC 时，出现错误或者警告，将被忽略过去，不会影响网络表生成。No ERC 检查点不具有电气特性。

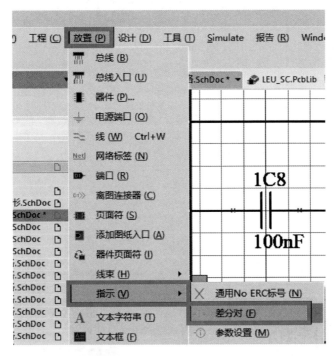

图 5-38 如何放置差分对标识（1）

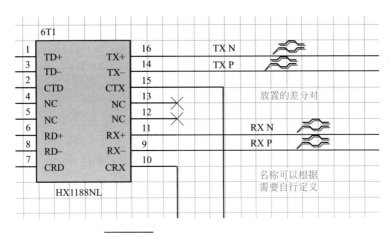

图 5-39 如何放置差分对标识（2）

❶ 按照如图 5-40 所示，放置 No ERC 检查点。

❷ 将鼠标移动到需要添加 No ERC 检查点的元器件管脚上，单击进行放置，可以连续进行放置多个，单击鼠标右键或按 Esc 键可以退出放置，如图 5-41 所示。

❸ 同时可以在放置状态下按 Tab 键，或者放置完成后鼠标左键双击 No ERC 检查点，设置属性，如图 5-42 所示。

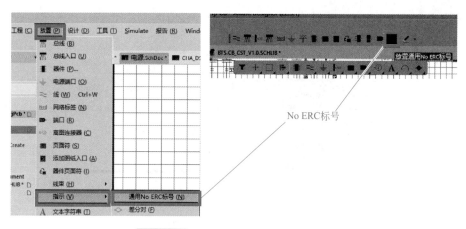

图 5-40 放置 No ERC 检查点（1）

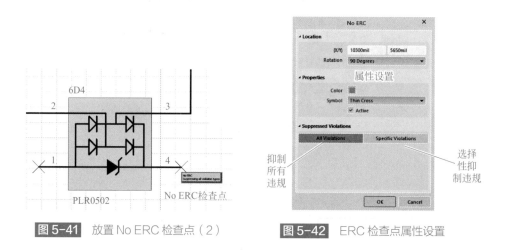

图 5-41 放置 No ERC 检查点（2）

图 5-42 ERC 检查点属性设置

5.4.10 如何放置页面符

通过图 5-43 中菜单栏选择"放置—页面符"或单击快捷图标即可放置页面符。放置的页面符可以拖动设置大小，双击设置名称。用此方法可以将子图添加到总图中，注意页面符的名称必须与子图的名称相同。

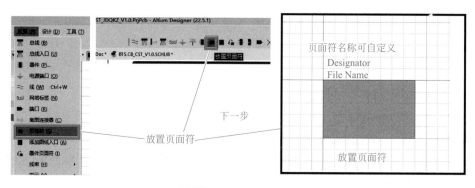

图 5-43 页面符放置

5.4.11 如何放置图纸入口

通过图 5-44 中菜单栏选择"放置—添加图纸入口"或单击快捷图标即可放置图纸入口。放置的图纸入口可以拖动设置大小，双击设置名称。用此方法可以将子图的端子与总图进行连接，注意图纸入口的名称必须与子图的名称相同。

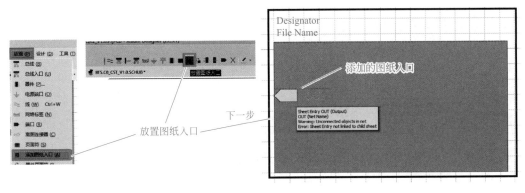

图 5-44 图纸入口放置

5.4.12 如何放置线束进行连接

线束有些像总线，但是线束可以包含的信号线的范围更广，并不局限于一条总线。线束中可以同时包含多条总线和信号线。可以通过不同的逻辑关系将多条信号线捆扎成一条线束，实现和我们在现实中的线束一样的效果。

(1) 线束的组成

线束包含信号线束、线束连接器、线束入口，如图 5-45 所示。

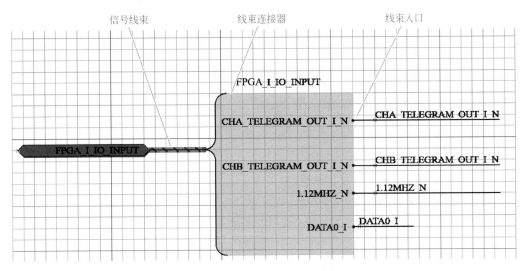

图 5-45 线束的组成

(2) 放置线束连接器

线束连接器放置如图 5-46 所示。

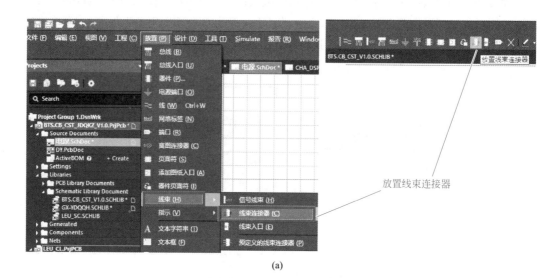

(a)

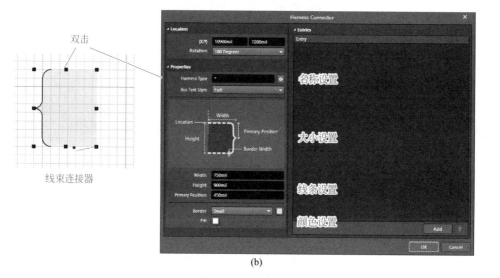

(b)

图 5-46 线束连接器放置并设置

(3) 线束入口放置

线束入口放置如图 5-47、图 5-48 所示。

(4) 信号线束放置

信号线束放置如图 5-49、图 5-50 所示。

(5) 完成后的信号线束

信号线束放置完成后如图 5-51、图 5-52 所示。

(6) 预定义线束放置

预定义线束放置如图 5-53 所示。

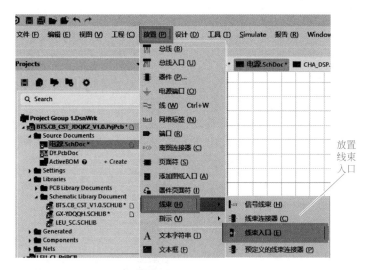

图 5-47　线束入口放置

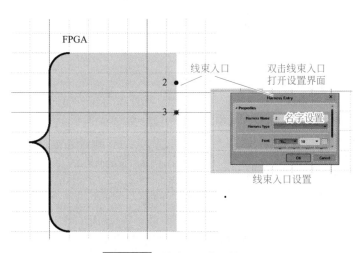

图 5-48　线束入口放置并设置

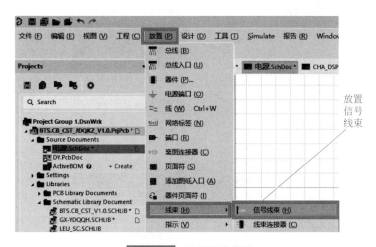

图 5-49　信号线束放置

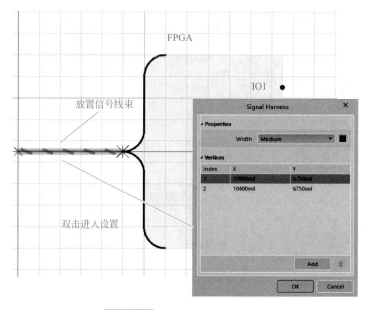

图 5-50 信号线束放置并设置

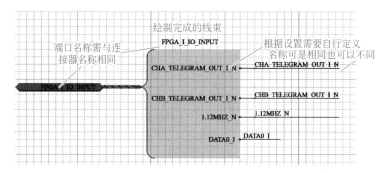

图 5-51 信号线束放置完成

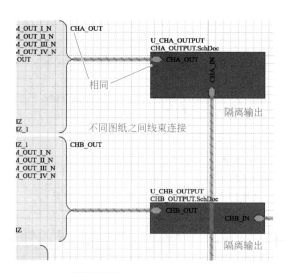

图 5-52 不同图纸间信号线束

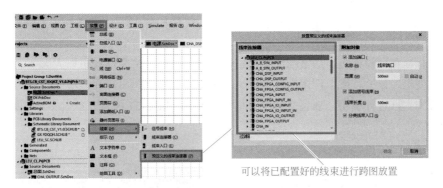

可以将已配置好的线束进行跨图放置

图 5-53　预定义线束放置

(7)　线束相关放置技巧

线束放置时，可以使用空格键改变放置方向，放置同时可以使用 Tab 键直接进入相关设置。线束以及线束连接器也可以通过"复制—粘贴"快捷创建。

5.4.13　如何放置测试点

在 PCB 设计中，由于属于产品开发阶段，这就需要对一些信号线增加测试点，方便在产品调试中对这些信号进行测试。添加方法及设置如图 5-54、图 5-55 所示。

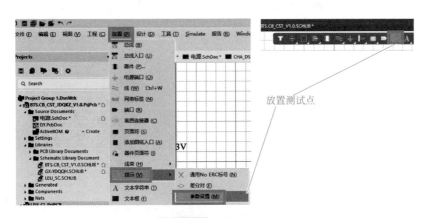

放置测试点

图 5-54　测试点放置

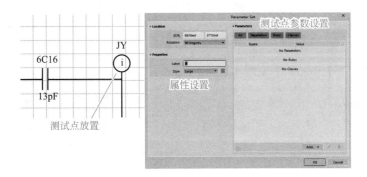

测试点参数设置

属性设置

测试点放置

图 5-55　测试点放置与设置

5.4.14 如何放置文本字符串

在进行原理图设计时，经常需要对一些功能进行说明，文字注释可以大大增强线路的可读性，方便电路分析。在原理图中较短的文字说明用文本字符串标注，对于较多的文字说明使用放置文本框进行说明。放置文本字符串如图 5-56、图 5-57 所示。放置文本框如图 5-58、图 5-59 所示。

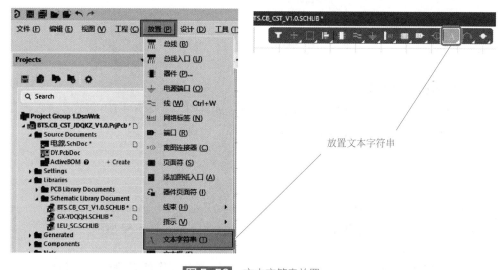

图 5-56 文本字符串放置

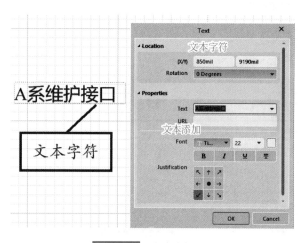

图 5-57 文本字符串放置与设置

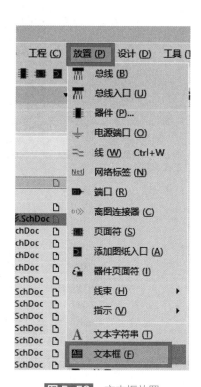

图 5-58 文本框放置

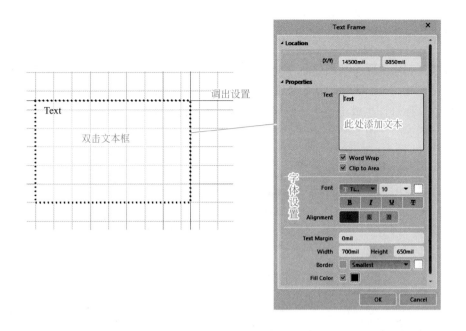

图 5-59 文本框放置与设置

5.4.15 如何进行注释放置

注释的功能和文字标注、文本框的功能是一样的，也是实现对电路的标注。但是注释可以以更加简洁的方式来展示，所以有些设计为了使原理图以更加简洁的方式呈现，会使用注释来进行说明，具体见图 5-60。

第一步

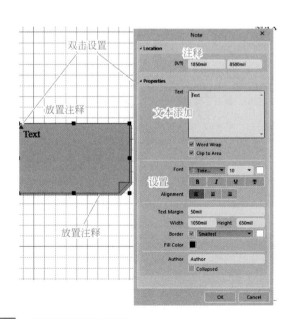

图 5-60 注释放置与属性设置

5.4.16　如何放置屏蔽编译

设计者在制作原理图时，对不需要使用的元器件或电路，可以通过在原理图中放置屏蔽区域以灰色区域显示，同时在查看原理图时又不影响观看，意思就是将这部分元器件或电路屏蔽起来。在原理图生成工程文件的同时，这部分屏蔽的区域不会被执行更新到 PCB 设计当中去，见图 5-61、图 5-62。

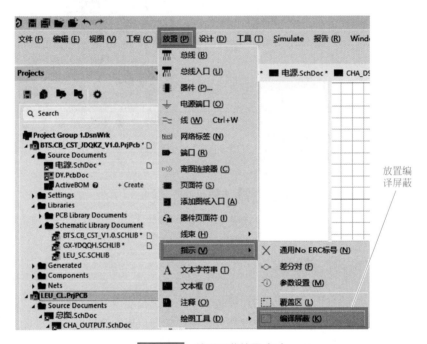

图 5-61　编译屏蔽放置（1）

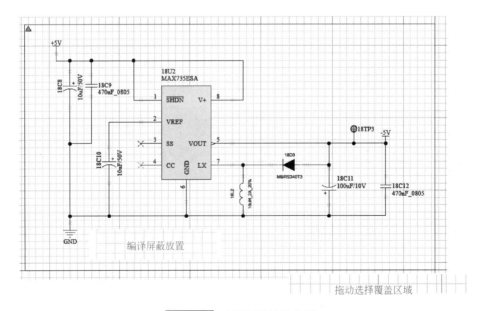

图 5-62　编译屏蔽放置（2）

如果想要将被屏蔽区域的元器件或电路重新激活，只需要将屏蔽区域删除或者点击屏蔽区域左上角的三角形即可，见图 5-63。也可以点击此屏蔽框删除即可，如图 5-64 所示。

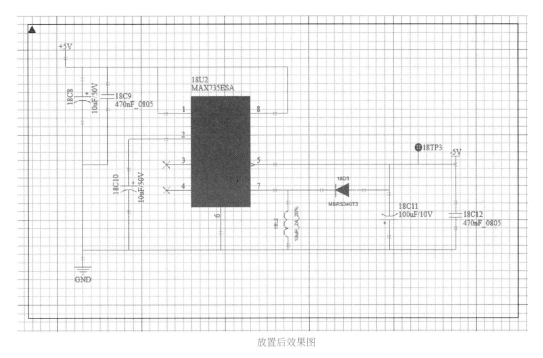

放置后效果图

图 5-63 编译屏蔽放置后效果

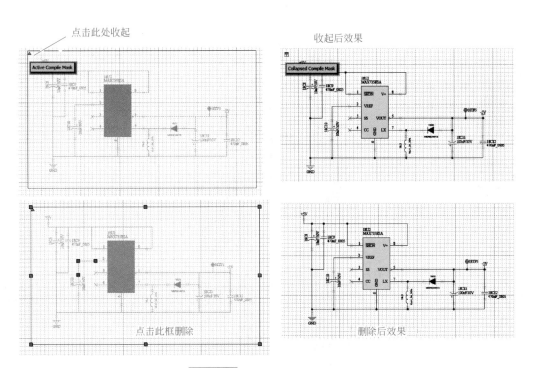

图 5-64 编译屏蔽打开与收起

5.4.17　如何放置绘图工具

使用原理图绘图工具，可以在原理图中绘制出工具中的图形，具体见图 5-65。

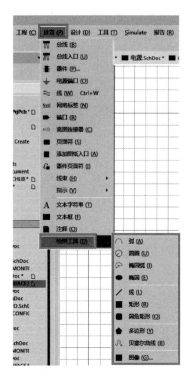

图 5-65　各种绘图工具放置

5.4.18　如何使用原理图快捷键

在绘制原理图时，为了方便绘制，使用快捷键是必不可少的，在菜单栏选择"视图—工具栏—自定义"，单击打开后选择"SCH 交互快捷键"，可以使用里面的快捷键，也可以根据设计者诉求自定义快捷键，见图 5-66。下面还提供了绘图常用的快捷键见图 5-67。

5.4.19　如何快捷给元器件统一命名

原理图绘制时，需要对器件进行编号，如果一个个地对元器件进行编辑，不仅工作量巨大，而且容易出错，怎样快捷而又统一地给所有元件编号呢。下面给设计者提供一种方法。

在菜单栏选择"工具—标注—原理图标注"或使用快捷键 T+A+A 进入，如图 5-68 所示。四种编号方式分别如图 5-69 所示，可以根据设计者的需求进行选择。

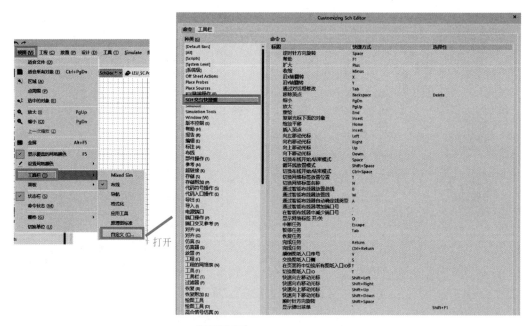

图 5-66　绘图快捷键打开

SCH快捷键	快捷键定义
空格键	90°旋转
选中器件+左键+X/Y	水平/垂直镜像翻转
shift+左键	复制
双击元器件+更改properties	设置元器件属性
ctrl+W	导线
ctrl+S	保存
T+A+A	原理图标注
T+G	封装管理器

图 5-67 绘图常用快捷键

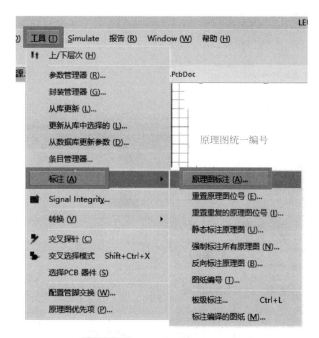

图 5-68 打开元器件统一编号

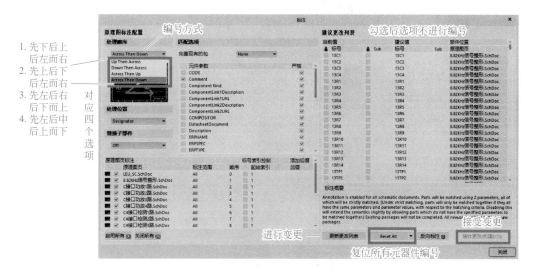

图 5-69 元器件统一编号编辑界面

103

5.4.20 如何在原理图中查找器件

一个工程中包含多张原理图，查找某个元器件的位号、网络标号十分困难，下面介绍一种通过跳转和查找功能来进行查找的方法。

在菜单栏选择"编辑—跳转—跳转到器件"或者使用快捷键 J+C 打开查找界面，输入查找对象即可进行查找，见图 5-70。同时也可以使用 Ctrl+F，利用查找文本功能进行查找，见图 5-71。

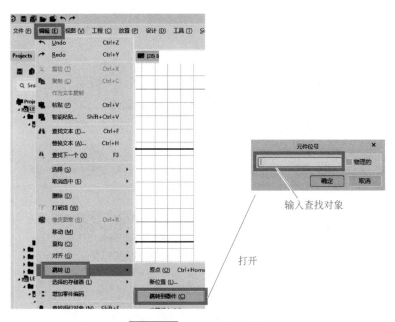

图 5-70　元器件位号查找

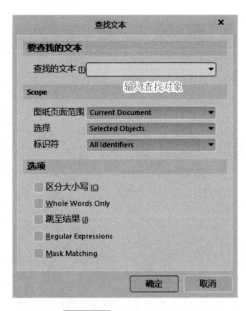

图 5-71　文本对象查找

5.5 多张原理图层次设计

原理图层次主要包括两大部分：主电路图和子电路图。其中主电路图与子电路图的关系是父电路与子电路的关系，在子电路图中还可包含下一级子电路。主电路图相当于整机电路图中的方框图，一个方块图相当于一个模块。图中的每一个模块都对应着一个具体的子电路图。主要的目的是，能让设计者与看图者轻松地分清图纸模块之间的设计关系，同时有利于后期电路的优化改进工作。

原理图层次设计方法，有自顶层向底层的设计方法，还有自底层向顶层的设计方法。

5.5.1 从顶层至底层原理图设计

❶ 新建一个工程文件，再新建一张原理图，如图 5-72 所示。

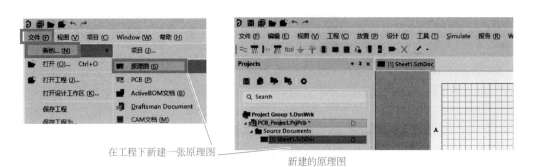

在工程下新建一张原理图

新建的原理图

图 5-72 新建原理图

❷ 放置子图，有两种方法：一种是直接单击"页面符图标"放置；另一种是右键点击"页面符"进行放置，具体见图 5-73，设计者根据需要的子模块数量进行添加。"Designator"表示所绘制模块的名称（不重要）；"File Name"表示此原理图的名称（重要），此名称必须与新建的子图名称保持一致。双击左键进入名称设置，具体如图 5-74中所示。

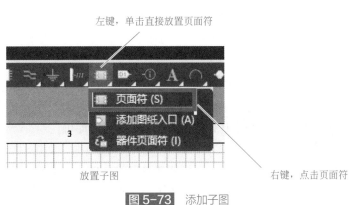

左键，单击直接放置页面符

放置子图

右键，点击页面符

图 5-73 添加子图

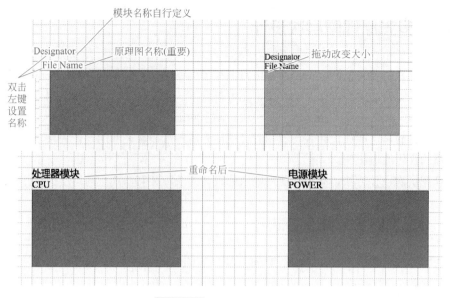

图 5-74　添加子图及名称

❸ 放置图纸入口，右键选择"放置图纸入口"进行放置，见图 5-75，子图纸的名称与颜色设置具体见图 5-76、图 5-77。

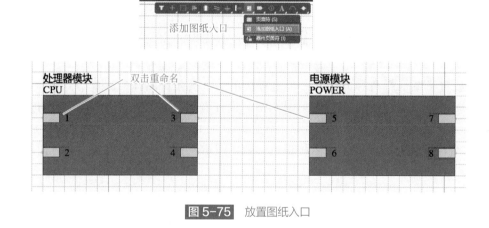

图 5-75　放置图纸入口

❹ 新建子图纸有两种方式。

方法一，在菜单栏选择"新的—原理图"，新建两张原理图，将原理图的名字重命名为子图的原理图的名称，注意名称必须相同，确定后就可以看到两张子图已经在总图下面了，见图 5-78。然后根据子图中的接口设计，对子图进行设计绘制即可。

方法二，打开刚创建的总图，在菜单栏选择"设计—从页面符创建图纸"，然后用光标点击总图中需要创建子原理图的图表符，即可新建对应的一张子原理图，这样新建的子原理图名称就是图表符中的名称，不需要命名，省去了不少步骤。笔者推荐使用此方法进行新建子图，如图 5-79 所示，然后根据子图中的接口设计，对子图进行设计绘制即可。

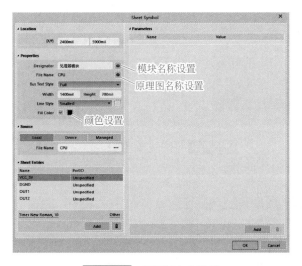

图 5-76 子图纸名称设置

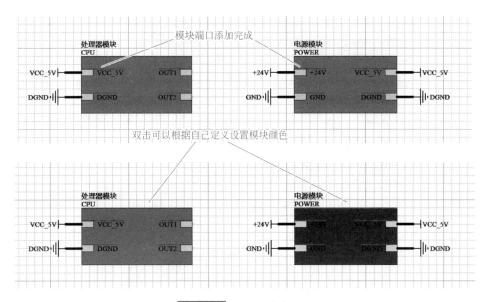

图 5-77 子图纸颜色设置

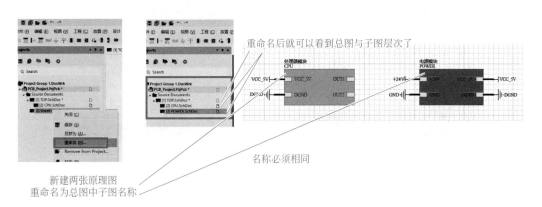

图 5-78 子图纸新建与命名（1）

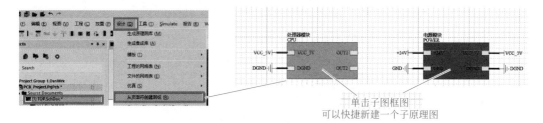

图 5-79 子图纸新建与命名（2）

5.5.2 从底层至顶层原理图设计

❶ 新建一个工程文件，再根据设计者需求新建至少一张子原理图。本示例工程中，新建了两张子图，并绘制完成，如图 5-80 所示。

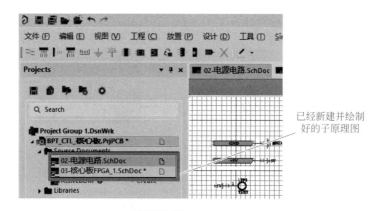

已经新建并绘制好的子原理图

图 5-80 子图纸新建

❷ 新建一张空白的原理图作为总图使用，在总图中进行子图添加，如图 5-81、图 5-82所示。

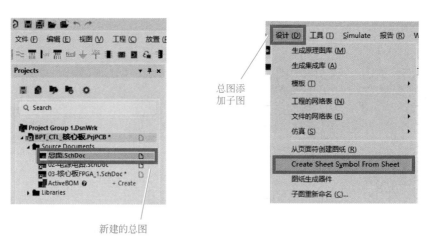

总图添加子图

新建的总图

图 5-81 总图中子图纸添加（1）

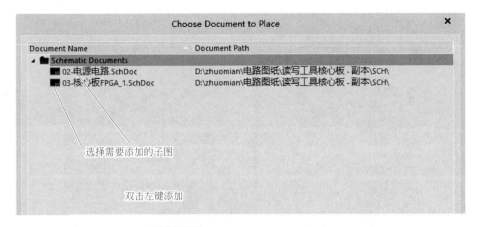

图 5-82 总图中子图纸添加（2）

❸ 子原理图添加进总图后，会在总图中显示层次图。如图 5-83 所示，然后根据设计进行电气连接即可。

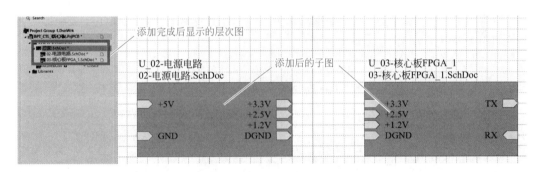

图 5-83 子图纸添加至总图中

5.6 如何原理图的编译与校验

整体原理图设计完成后，设计者需要对原理图进行编译校验。原理图的编译电路规则检查（ERC），主要是一些电气性能的检查，能够避免原理图常规性错误。

5.6.1 如何打开原理图编译设置

❶ 在菜单栏选择"工程—Project Options"或者在"工程文件"上单击鼠标右键，进入原理图编译参数设置窗口，如图 5-84 所示。

❷ 设计者可以在"Error Report"栏自行选择报错的语句，并在右侧修改报错等级。如果将错误修改成不报错，就会使工程文件产生安全性隐患，所以在一般使用过程中不需要修改报错语句。

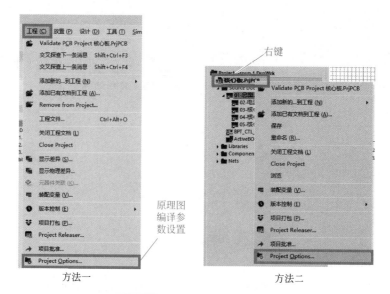

方法一　　　　　　　　　　　　　方法二

图 5-84　原理图编译设置打开

　　假如不慎修改了报错语句，可以通过左下角的"设置成安装缺省"进行重置报错语句，具体如图 5-85 所示。

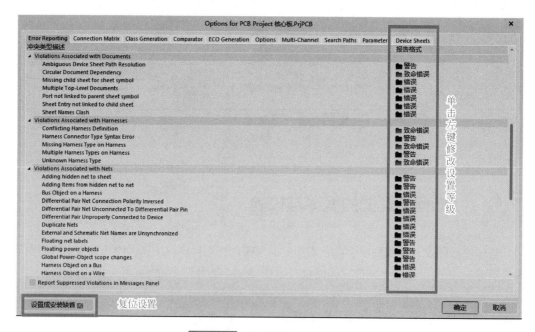

图 5-85　原理图编译设置界面

5.6.2　如何编译原理图

　　原理图界面在工程文件上，单击右键选择"Validate PCB Project"或者菜单栏选择"工程—Validate PCB Project"对原理图进行编译，如图 5-86 所示。如果点击后没有弹出编译错误界面，就证明原理图编译无误。也可以在右下角单击"Panels—Messages"，显示编译报告，进行查看。

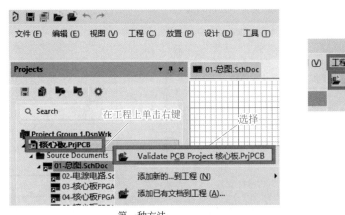

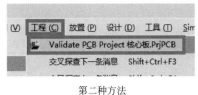

图 5-86　对原理图编译

5.6.3　如何解决原理图编译中出现的问题

❶ 如果在编译原理图时，弹出了错误，可以查看错误类型进行处理。同时也可以在右下角单击"Panels—Messages"进行查看。

❷ 如有相关错误报告，在"Messages"窗口中会显示红色标记，双击错误红色报告，可以直接跳转到原理图对应位置进行查看检查，如图 5-87 所示。

图 5-87　调出查看 Messages 报告

❸ Messages 报告显示错误处理。

错误类型：Fatal Error（重大错误）；Error（错误）；Warning（警告）；No Report（不报告）

即无错误。

a. Duplicate Component Designators 编译器重复组件指示符（标签号重复），如图 5-88 所示。

处理方法：查看报告，根据显示的错误位号，找到重复的标签号，更改成不同的名字。

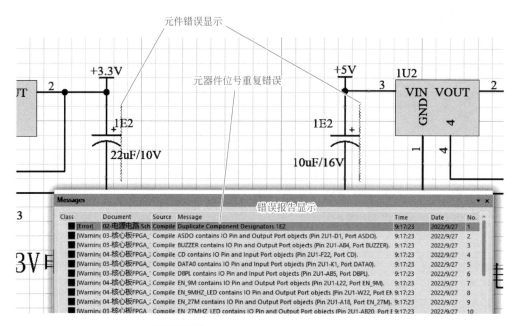

图 5-88 元件重复错误 Messages 报告

b. Net Only One Pin 单端网络（就是元件没有和其他导线相连接），如图 5-89 所示。

处理方法：查看报告，根据显示的错误位号连接元件与网络。

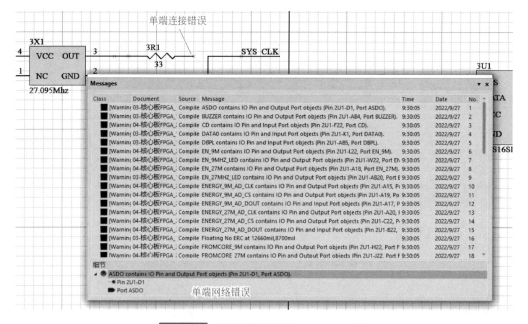

图 5-89 单端网络错误 Messages 报告

c. Floating Net Label 网络标号悬空，如图 5-90 所示。

处理方法：检查报告查看网络标签位置，放置在管脚上，即可解决。

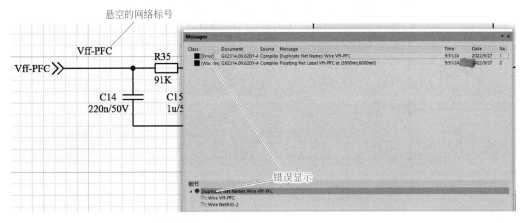

图 5-90 网络标号悬空错误 Messages 报告

d. Floating Power Objects 存在悬浮的电源端口，如图 5-91 所示。

处理方法：检查报告查看电源接口位置，放置到应该放置的管脚上，即可解决。

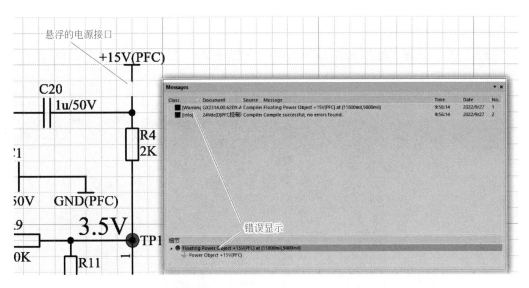

图 5-91 悬浮电源错误 Messages 报告

e. Un-Designated Part ... 元件名字未定义，见图 5-92 所示。

处理方法：双击该错误，转到该元件，然后设定一个在图中独一无二的名字。

以上只是介绍了几个原理图在编译时出现的常规错误，还有很多错误需要设计者在实践中进行摸索学习。

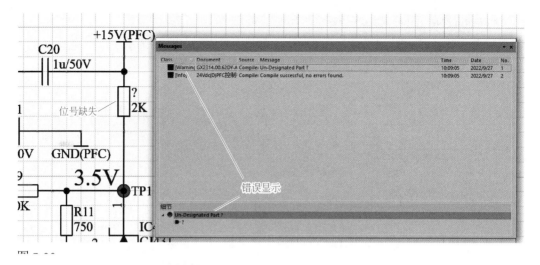

图 5-92 元件名字未定义错误 Messages 报告

5.7 如何导出（BOM 表）物料清单

在原理图设计完成之后，我们需要就一个物料清单来统计原理图上所用元器件。但是如何从原理图处得到物料清单呢？这时候我们就利用 Altium Designer22 软件的导出 BOM 表功能，来实现物料清单的整理。

❶ 在菜单栏选择"报告—Bill of Materials"或者使用快捷键 R+I，进入导出 BOM 表参数界面，如图 5-93 所示。

图 5-93 原理图导出 BOM 表（1）

❷ 在 BOM 表设置界面选择"Export..."导出 BOM 表，文件类型、路径选择如图 5-94 所示，导出文件及打开内容见图 5-95 所示。

图 5-94 原理图导出 BOM 表（2）

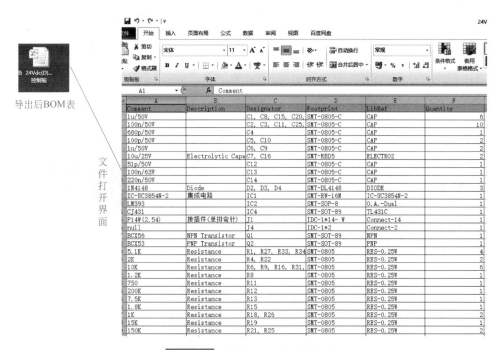

图 5-95 导出 BOM 表文件内容

5.8 如何输出原理图（PDF）

在原理图设计完成后，除设计者之外的别人要阅读原理图时，为了避免原理图被修改，可以将原理图以 PDF 的形式输出图纸，提供给其他人阅读。

❶ 在菜单栏选择"文件—智能 PDF"，进入 PDF 的导出向导，如图 5-96、图 5-97 所示。

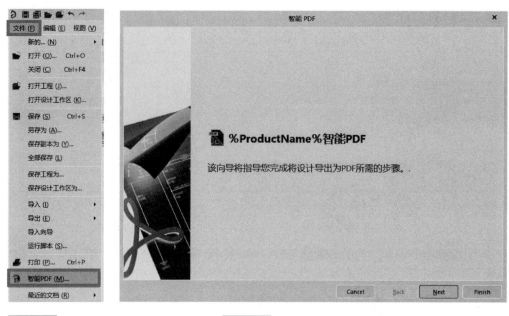

图 5-96 原理图导出 PDF 文件（1）

图 5-97 原理图导出 PDF 文件（2）

❷ 单击"Next"按钮，界面中可以选择输出文档范围以及路径，如图 5-98 所示。

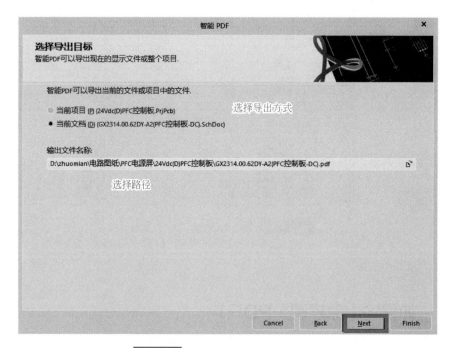

图 5-98 原理图导出 PDF 目标选择

❸ 在图 5-99 界面中，可以选择同时对 BOM 表进行输出，BOM 表文件一般单独进行导出，这里不需要勾选。

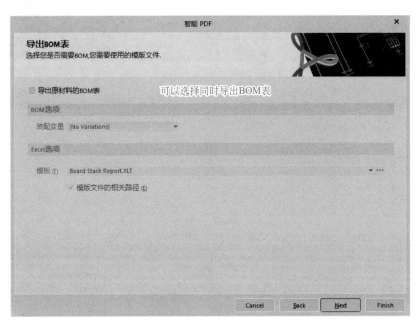

图 5-99 原理图导出选择

❹ 在图 5-100 界面中，可以对 PDF 打印输出参数进行设置，设计者可以根据输出要求自行设置，笔者推荐为默认设置。

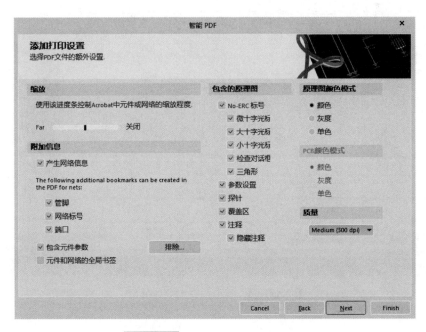

图 5-100 导出 PDF 打印输出选择

❺ 选择导出设置,单击"Finish"按钮,完成 PDF 的输出,如图 5-101 所示。

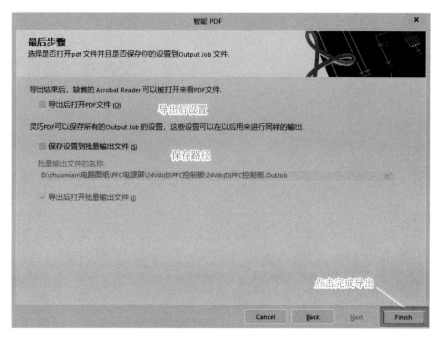

图 5-101　PDF 输出完成

❻ PDF 的输出后打开效果图,如图 5-102 所示。

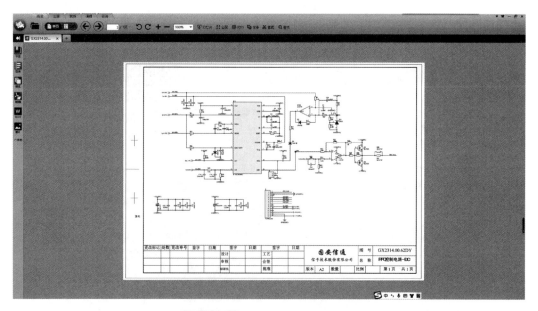

图 5-102　输出 PDF 打开效果图

第六章

Altium Designer22 如何绘制 PCB

6.1 认识 PCB 设计界面

6.1.1 新建一个 PCB

根据图 6-1 所示，新建一个 PCB 文件。

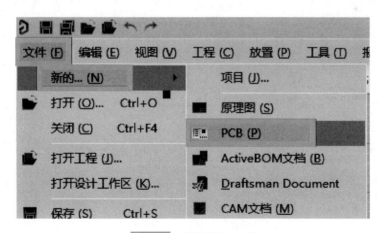

图 6-1 新建 PCB 文件

6.1.2 PCB 编辑界面

PCB 编辑绘制界面，如图 6-2 所示。

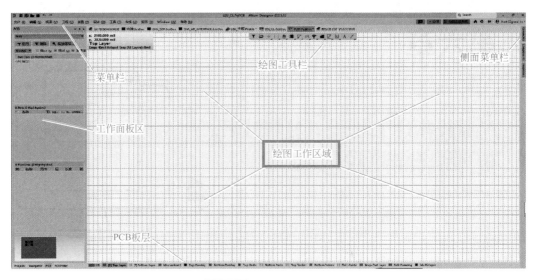

图6-2 PCB 工作界面

6.1.3 PCB 设计界面内部菜单

PCB 内部菜单详见图 6-3 和图 6-4。

图6-3 PCB 工作界面内部菜单（1）

图6-4 PCB 工作界面内部菜单（2）

6.1.4 PCB 设计界面如何调出显示

在 PCB 设计界面的右下角选择命令"Panels—PCB"，或者在窗口左下角点击"PCB"选项，均可以调出 PCB 对象编辑窗口，如图 6-5 所示。

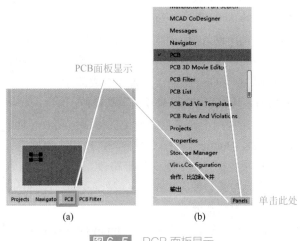

图6-5 PCB 面板显示

6.1.5 PCB 设计板层说明及设置

印制线路板由绝缘底板、连接导线和装配焊接电子元件的焊盘组成，具有导电线路和绝缘底板的双重作用。它可以代替复杂的布线，实现电路中各元件之间的电气连接，简化电子产品的装配、焊接工作。下面就介绍一下 PCB 电路板各板层的意义与作用。

Top Layer：顶层信号层，也称元件层，主要用来放置元器件，对于双层板和多层板可以用来布线。

Bottom Layer：底层信号层，也称焊接层，主要用于布线及焊接，有时也可放置元器件。

Mid Layer：中间信号层，最多可达 30 层，在多层板中用于布信号线。

Top Overlayer：顶部丝印层，用于标注元器件的轮廓、元器件的标号、标称值或型号及各种注释字符。

Bottom Overlayer：底部丝印层，与顶部丝印层作用相同，用于标注各种在底部的丝印层。

Internal Plane：内部电源层，通常称为内电层，包括供电电源层、参考电源层和地平面信号层，内部电源层为负片形式输出。

Mechanical Layer：机械层，用来定义整个 PCB 板的外观，它一般用于设置电路板的外形尺寸、数据标记、对齐标记、装配说明以及其他的机械信息。Altium Designer 提供了 16 个机械层，一般用于设置电路板的外形尺寸、数据标记、对齐标记、装配说明以及其他的机械信息。

Solder Mask：阻焊层—焊接面，Altium Designer 软件中提供了 Top Solder（顶层）和 Bottom Solder（底层）两个阻焊层，是 Altium Designer 软件对应于电路板文件中的焊盘和过孔数据自动生成的板层，主要用于铺设阻焊漆。本板层采用负片输出，所以板层上显示的焊盘和过孔部分代表电路板上不铺阻焊漆的区域，也就是可以进行焊接的部分。

Paste Mask Layer：助焊层，SMD 贴片层，它和阻焊层的作用相似，不同的是在机器焊接时对应的表面粘贴式元件的焊盘。Altium Designer 提供了 Top Paste（顶层助焊层）和 Bottom Paste（底层助焊层）两个助焊层。主要针对 PCB 板上的 SMD 元件，在将 SMD 元件贴在 PCB 板上以前，必须在每一个 SMD 焊盘上先涂上锡膏，涂锡用的钢网就一定需要这个 Paste Mask 文件。Paste Mask 层的 Gerber 输出最重要组成部分。

Top Layer/Bottom Layer：此层也是用来开钢网漏锡的。

Signal Layer：信号层，主要用于布置电路板上的导线，Altium Designer 提供了 32 个信号层，包括 Top Layer（顶层），Bottom Layer（底层）和 32 个内电层。

Keep Out Layer：禁止布线层，用于定义在电路板上能够有效放置元件和布线的区域，在该层绘制一个封闭区域作为布线有效区，在该区域外是不能自动布局和布线的，此层用于绘制印制板外边界及定位孔等镂空部分。

Internal Plane Layer: 内部电源层 / 接地层，Altium Designer 提供了 32 个内部电源层 / 接地层。该类型的层仅用于多层板，主要用于布置电源层和接地层，比如双层板、四层板、六层板，一般指信号层和内部电源层 / 接地层的数目。

Multi Layer：多层，电路板上焊盘和穿透式过孔要穿透整个电路板，与不同的导电图形层建立电气连接关系，通常与过孔或通孔焊盘设计组合出现，用于描述空洞的层特性。电路板上焊盘和穿透式过孔要穿透整个电路板，与不同的导电图形层建立电气连接关系，因此系统专门设置了一个抽象的层——多层。一般，焊盘与过孔都要设置在多层上，如果关闭此层，焊盘与过孔就无法显示出来。

Drill：钻孔数据层，钻孔层提供电路板制造过程中的钻孔信息，如焊盘，过孔则需要钻孔。Altium Designer 提供了 Drill Guide（钻孔指示图）和 Drill Drawing（钻孔图）两个钻孔层。

Silkscreen Layer：丝印层，丝印层主要用于放置印制信息，如元件的轮廓和标注，各种注释字符等。Altium Designer 提供了 Top Overlayer（顶层丝印层）和 Bottom Overlayer（底层丝印层）两个丝印层。

6.1.6　如何确定 PCB 线宽（线宽与电流说明）

关于 PCB 线宽和电流的关系，在实际的 PCB 板设计中，需要综合考虑 PCB 板的大小，通过电流，选择一个合适的线宽。

在了解 PCB 设计线宽和电流关系时，先来了解一下 PCB 敷铜厚度的单位盎司、英寸和毫米之间的换算。在数据表中，PCB 的敷铜厚度常常用盎司（oz）作单位，它与英寸（mil）和毫米（mm）、微米（μm）的转换关系如下：

1 盎司（oz）= 0.0014 英寸（mil）= 0.0356 毫米（mm）= 35 微米（μm）

1 盎司 = 2.96×10^{-5} 立方米

1 英寸 = 0.0254 米

1 英尺 = 0.3048 米

注：PCB 铜箔的厚度是以 oz 为单位，1oz 意思是重量 1oz 的铜均匀平铺在 1 平方英尺（ft^2）的面积上所达到的厚度。

一般 PCB 铜厚通常有三个尺寸：0.5oz、1oz 和 2oz，主要用在消费类和通信类产品上，3oz 属于厚铜，主要用于大电流、高压的电源产品上。

❶ PCB 布线与电流的关系

$$1oz = 35\mu m$$

PCB 布线时首先要设置走线宽度，在此使用下式计算线宽与电流的关系：

$$I = KT^{0.44}A^{0.75}，\quad W = A/d$$

式中　K——修正系数，一般覆铜线在内层时取 0.024，在外层时取 0.048；

　　　T——最大温升，℃（铜的熔点是 1060℃）；

　　　A——覆铜截面积，mil^2。

大部分 PCB 的铜箔厚度为 35μm，即无特殊要求下 d 取 35μm，d = 0.035/0.0254 = 1378mil。

由 I、K、T 导出 A，由 A、d 导出 W。

选择覆铜厚度为 70μm，10℃温升、5A：

$0.024 \times 10^{0.44} \times A^{0.75} = 5$

$A^{0.75} = 5/（0.024 \times 10^{0.44}）= 75.64mil^2$

$A = 319.9mil^2$

70μm = 2.7559mil

线宽 $W = A/2.7559 = 116mil = 2.94mm$

❷ PCB 设计铜铂厚度、线宽和电流关系

25℃时 PCB 设计铜铂厚度、线宽和电流关系，如表 6-1 所示。

◇ 表6-1　25℃时 PCB 布线与电流的关系

线宽 / 铜箔厚度	70μm（2 oz）	50μm（1.5 oz）	35μm（1 oz）
2.50mm（98mil）	6.00A	5.10A	4.50A
2.00mm（78mil）	5.10A	4.30A	4.00A
1.50mm（59mil）	4.20A	3.50A	3.20A
1.20mm（47mil）	3.60A	3.00A	2.70A
1.00mm（40mil）	3.20A	2.60A	2.30A
0.80mm（32mil）	3.80A	2.40A	2.00A
0.60mm（24mil）	2.30A	1.90A	1.60A
0.40mm（16mil）	1.70A	1.35A	1.10A
0.30mm（12mil）	1.30A	1.10A	0.80A
0.20mm（8mil）	0.90A	0.70A	0.55A
0.15mm（6mil）	0.70A	0.50A	0.20A

6.1.7　PCB 设计工具栏图标介绍

设计者使用 Altium Designer 软件在 PCB 绘制时，可操作界面工具栏图标及工具操作命令，非常方便设计者操作使用，具体见图6-6。图6-7 是 PCB 绘图另一组图标命令的介绍。

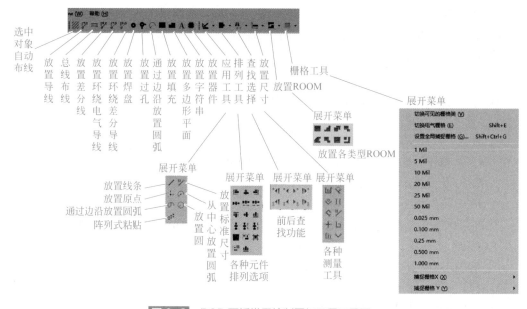

图6-6　PCB 面板常用绘制图标及展开界面一

6.1.8　学习使用快捷键

软件自带许多单选快捷键和组合快捷键，设计者通过使用快捷键，增加绘图速度，可以提高绘图效率。单选快捷键见表6-2，组合快捷键及其它快捷键见表6-3 和表6-4。

(a)

(b)

图 6-7 PCB 面板常用绘制图标及展开界面二

◇ 表6-2 PCB 单选快捷键

单选快捷键	命令作用
S	打开选择，S+L（线选）、S+I（框选）、S+E（滑动选择）
J	打开跳转，J+C（跳转到元器件）、J+N（跳转到网络）
L	打开层设置（设置图层），同时选中元器件，点击 L 键切换线层

单选快捷键	命令作用
Q	切换英寸和毫米
Delete	删除被选择对象
Page Up/Page Down	图纸放大 / 缩小
+/-	用于切换线层
*	用于切换线层
空格键	翻转器件
Tab 键功能一	选中网络，点击 2 次，显示与此网络连接的全部位置
Tab 键功能二	放置线、过孔、器件等点击，打开其属性设置

◎ 表 6-3　PCB 组合快捷键

PCB 快捷键	快捷键定义
D+S+D	重新定义板框（密闭图形）
E+O+S	设置原点
P+D+L	板框尺寸测量
Shift+S	单层显示
Ctrl+Q	mil 换成 mm
V+C+H	全部隐藏（飞线）
V+C+S	全部显示（飞线）
S+M	设置线宽
D+C	设置对象类
D+R	设计规则
T+D	设计规则检查（DRC）
Shift+ 空格	外框倒角
选中对象 +M	X/Y 偏移量
Shift+X	镜像
Ctrl+H	物理选择（导线走向）
P+R	实心区域
P+G	铺铜
T+G+A	所有铺铜重铺
T+E	滴泪
Ctrl+L	TOP 层切换至 BOTTOM 层（器件）
Ctrl+ 左键	高亮 PCB 网络
S+N	选中网格
2	2D
3	3D
Shift+ 右键	3D 移动
V+B	正反面切换（3D）
O	恢复原始 3D（3D）

PCB 快捷键	快捷键定义
T+O+L	矩形区域排列
Shift+Ctrl+ 滚轮	布线时打孔
Shift+2	布线时打孔
Z+A	屏幕中间
A+L	左对齐
A+R	右对齐
A+D	水平等间距
A+T	上对齐
A+B	下对齐
A+S	垂直等间距

◇ 表 6-4　PCB 其它快捷键

单个网络高亮	Alt+ 点击 GND	全部与 GND 相连的线高亮	其他网络同理
离图连接	P+C	离图连接	两个原理图中放置一样的网络标号
全局操作命令	Shift+ 双击	调出全局窗口	
	F11	选中器件，按下 F11	
对齐	A+L	向左对齐	Align Left
	A+R	向右对齐	Align Right
	A+D	横向等间距	Distribute Horizontally
	A+T	向上对齐	Align Top
	A+B	向下对齐	Align Bottom
	A+S	纵向等间距	Distribute Vertically
元件调整	M	元件调整	包括位置，走线等
	N	显示与隐藏	可隐藏与显示网络，标号等
	选中，A+P	调整位号位置（中间，两边等）	位号调整
特殊粘贴	E+A	特殊粘贴	
选择	S+I	框选	Inside Area
	S+O	反选	Outside Area
	S+L	线选	Touching Line
	S+N	选择网络	NET
	S+C	点击网络	选中直接相连的网络
	S+T	切换多选	Toggle Selection
设置	D+C	进入 Class 设置	
	D+R	PCB 规则设置	
	T+P	进行系统设置	
查询与搜索	J+C	查询与搜索器件	
	J+N	查询与搜索网络	

	Shift+E	可捕获至中点	
	Shift+H	坐标信息的隐藏与显示	
	Shift+D	切换悬浮的坐标显示风格	
	Shift+S	切换层显示模式（单多层显示切换）	+ 或 –
	Shift+M	板的洞察力镜头	
显示	Ctrl+L	视图配置	查看层的信息
	Ctrl+D	Object 的隐藏与显示	
	Ctrl+G	PCB 格点设置	栅格设置
	*	Ctrl+Shift+ 鼠标滚动	层切换
	V+B	板子翻转	顶底视图切换
	O+G	背景和格点设置（PCB 与原理图通用）	
标注所有器件	T+N	位号重新编排窗口	
层叠管理	D+K	层叠管理器	
多根走线	T+T+M	先选中，再走线	此方法不可更改走线间距和线宽属性
	U+M	多跟相同间距走线，先选中，再 U+M 走线	
	P+M	先选中，再走线，走线时按下 Tab 可以更改间距	即可走线（可以更改间距走线）（走线时按 Shift+W 可设置线宽）
快速走线	Ctrl+ 点击焊盘	走线状态下（在两个焊盘）	同一个网络快速走线
复位 DRC 检查	T+M	复位 DRC 检查	T+D 设置 DRC 后，按下 T+M，即可刷新 DRC 检查
快速定义板框	D+S+D	快速定义板框	先选择一个封闭的区域
器件任意位置移动	M+S	选择器件任意位置，就可以移动	
割铜	P+Y	分离铜皮（按 Tab 可以设置线宽）	画一根线，就可以把铜分割成两部分
	Ctrl+D	设置栅格	
捕获	Shift+E	切换捕获栅格模式	
	O+B	调出 Board Option，设置抓取内容	
栅格	Shift+E	切换捕获栅格模式	
	G	设置栅格属性	
	Shift+W	走线时，设置走线的线宽	
	Shift+V	走线时，设置焊盘大小	
	Shift+R	切换走线模式	避开障碍物，推开走线
	Shift+G	显示走线长度	在走线时才有效
走线	E+K	截断走线	按 Tab 时可以设置截断线的宽度
	*或 – 或 +	走线时切换到其他层（自动加过孔）	
	[	走线时可单独显示要连接的地方高亮	
	E+D	连续删线	删线
PCB 位号重新命名	T+N	PCB 中对位号重新命名	
泪滴	T+E	泪滴增加与移除	

跟踪修线	Ctrl+Alt+G	选中要修的线，按下 Tab，然后	Route » Gloss Selected
可视化间距显示	Ctrl+W	AD16 版本以上才有此功能	
BGA 过孔调整	鼠标指针放在那个线上，然后按住鼠标左键不松，就实现了线条的拖动，在拖动状态下按空格可以旋转，然后放置到焊盘中心位置即可		
板选项	O+B	板选项设置	

6.2 如何从原理图导入 PCB

6.2.1 原理图文件导入 PCB

在工程原理图编辑界面中，在菜单选择"设计—Update PCB Document BPT_CTL_ 核心板 .PcbDoc"进行原理图至 PCB 的导入，如图 6-8、图 6-9 所示。

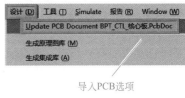

导入PCB选项

6.2.2 如何规定 PCB 设计板尺寸

图 6-8 原理图导入 PCB

在 PCB 编辑界面，将板子切换到"Keep—Out Layer"层，此层为禁止布线层，一般用作定义板子尺寸，也可以在"Mechanical 1"机械层规划。但是一般 PCB 生产厂家已经默认"Keep—Out Layer"为板子外框，所以这里我们使用"Keep—Out Layer"层定义电路板外形尺寸。

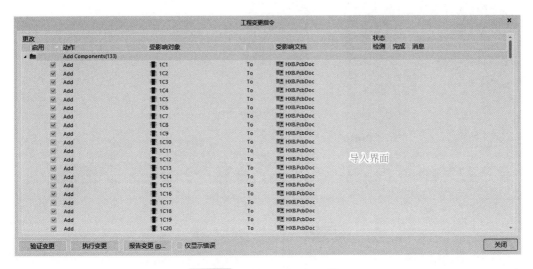

图 6-9 原理图导入 PCB 界面

在 PCB 编辑界面选择"Keep—Out Layer"层，图形工具栏选择放置线条，对 PCB 外观进行绘制，放置线条时同时按动 Tab 键，可以选择放置线条线宽。在绘制好的 PCB 板外框后，需要对电路板外框进行定位原点设定，以便于以后绘图及后期加工。一般将电路板原点设置在电路板左下角，**PCB** 原点放置快捷键 E+C+O，也可以根据设计者习惯自行定义，具体见图 6-10、图 6-11。

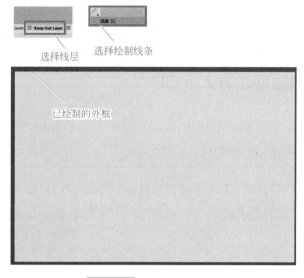

选择线层　　选择绘制线条

已绘制的外框

图 6-10 PCB 边框绘制

电路板原点设置

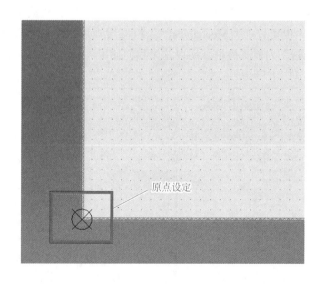

原点设定

图 6-11 PCB 电路板原点设定

6.2.3　如何设置 PCB 板栅格

栅格分为可视栅格（Visible Grid）、捕捉栅格（Snap Grid）、电气栅格（Electrical Grid）。

❶ 可视栅格：编辑过程中看到的就是可视栅格。设置分为 Lines 和 Dots，可以设定第一可视栅格和第二可视栅格的尺寸。第一可视栅格就是一开始看到的栅格大小，第二可视栅格是对 PCB 板继续放大后的可视栅格。可视栅格可以隐藏也可以显示，栅格的大小也可以在各编辑器中通过点击"查看"菜单或鼠标右击的相应项来设置。使用快捷键 Ctrl+G 打开设置项目，具体见图 6-12、图 6-13。

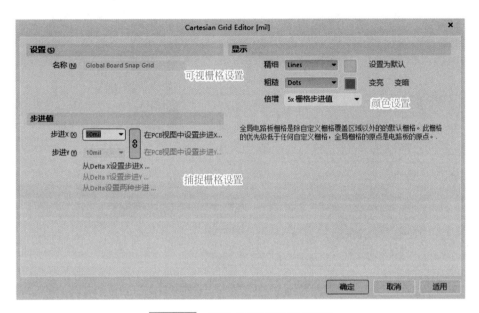

图 6-12 PCB 电路板可视栅格设置

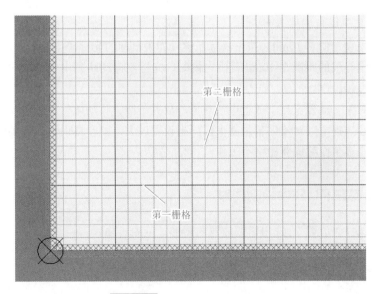

图 6-13 PCB 电路板可视栅格

❷ 捕捉栅格：光标捕捉图件时移动的最小间隔。它是指光标在原理图编辑器、原理图库编辑器、PCB 编辑器及 PCB 库编辑器等环境中捕捉图符（导线、画图工具栏内的图符等）

时可移动的最小步长，见图 6-14，还可设置 X 方向和 Y 方向。

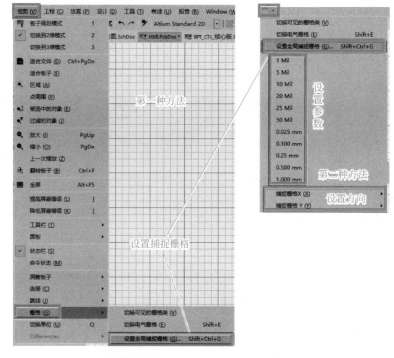

图 6-14 PCB 电路板捕捉栅格设置

❸ 电气栅格：电气栅格的作用是在移动或放置元件时，当元件与周围电气实体的距离在电气栅格的设置范围内时，元件与电气实体会互相吸住。原理图编辑器下按快捷键 Shift+E 可以切换到电气栅格界面。

例如：如果设定值是 10mil，按下鼠标左键，如果鼠标的光标离电气对象、焊盘、过孔、零件引脚、铜箔导线的距离在 10mil 范围之内时，光标就自动跳到电气对象的中心上，以方便对电气对象进行操作。

选择电气对象、放置零件、放置电气对象、放置走线、移动电气对象等，电气栅格设置的尺寸大，光标捕捉电气对象的范围就大，如果设置过大，就会错误地捕捉到比较远的电气对象上。电气栅格工作时捕获栅格不工作。

6.2.4 如何在 PCB 中绘制图形

在菜单栏选择"放置"，选出需要放置的图形，见图 6-15。

6.2.5 如何在 PCB 板上重新标注元器件

器件重新编号是指把 PCB 上的元件以特定顺序重新编号。参考标号应该按 PCB 上面从上往下、从左到右的方向排序，这样可以在装配、测试和查错过程中更加容易定位板上的器件位置，标注方法及设置见图 6-16、图 6-17。

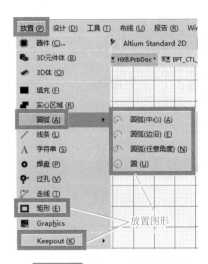

图 6-15　在 PCB 中绘制图形　　　图 6-16　在 PCB 板上重新标注元器件

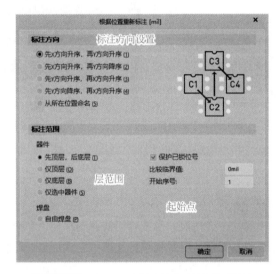

图 6-17　在 PCB 板上重新标注设置元器件

6.2.6　如何在 PCB 板上测量距离

(1)　点到点的距离测量

在菜单选择"报告—测量距离"或者使用快捷键 Ctrl+M 或者 R+M，使用点到点距离测量命令，用鼠标单击起点和终点位置，测量之后会显示一个标出 X 轴和 Y 轴长度的数值，如图 6-18 所示。

(2)　边到边距离的测量

边到边距离的测量就是测量是两个对象边缘和边缘之间的间距测量，在菜单栏选择"报告—测量"或者使用快捷键 R+P，使用边缘间距测量命令，用鼠标单击两个对象，测量之后会显示出一个数值，如图 6-19 所示。

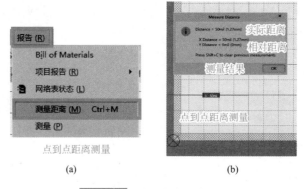

CHAPTER 3

图 6-18　点到点距离的测量

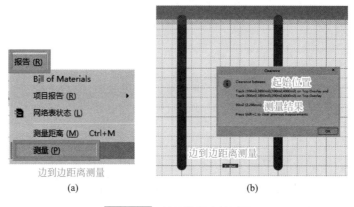

图 6-19　边到边距离的测量

(3) 放置测量线性尺寸标注

在菜单选择"放置—尺寸—线性尺寸"或者用快捷图标使用命令，既可以测量点到点距离，也可以进行边到边距离的测量，用鼠标单击起点和终点位置，测量之后会显示出一个标出 X 轴和 Y 轴长度的数值，如图 6-20 所示。

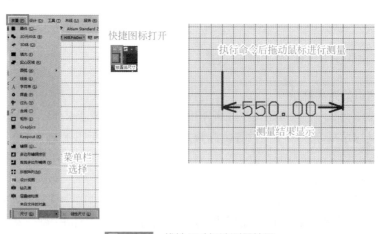

图 6-20　线性尺寸标注测量结果

6.3 如何设置 PCB 规则及约束

在菜单栏选择"设计—规则"或者按快捷键 D+R，进入规则约束管理器，左边树形栏显示的是设计规则类型，右边栏中列出的是设计规则的具体设置，如图 6-21、图 6-22 所示。

(1) 安全距离（间距）规则设置

在图 6-23 ～图 6-26 规则中，为 PCB 各种安全间距、开路短路等规则的设置。一般电路板间距设置为 7 ～ 10mil 即可，具体根据设计者诉求自行设置。

(2) 短路规则设置

在一般电路设计中，不允许出现短路，在设置开路规则选项时，一般选择"All"，对所有的选项都不允许短路，如有特殊情况，比如进行天线设计，则应在"相应"规则上单击鼠标右键，建立一个新规则，命名"自定义"，在相应栏中，选择适配对象，勾选"允许短路"进行单独设置，如图 6-27 所示。

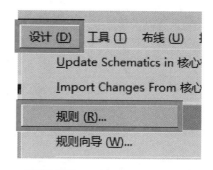

图 6-21 规则约束管理器（1）

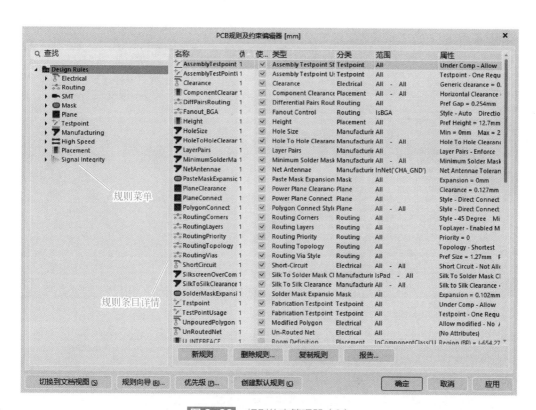

图 6-22 规则约束管理器（2）

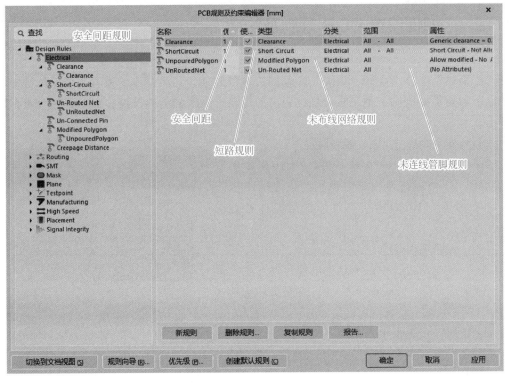

图 6-23　安全间距规则

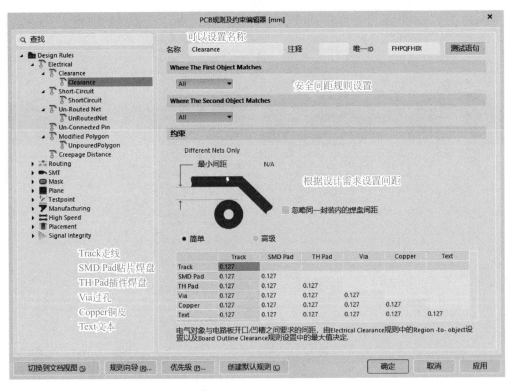

图 6-24　安全间距规则设置界面（1）

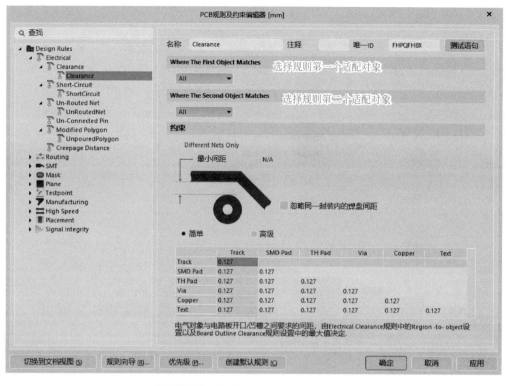

图 6-25 安全间距规则设置界面（2）

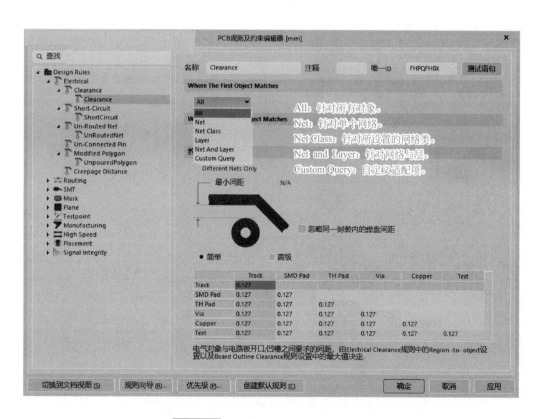

图 6-26 安全间距规则设置界面（3）

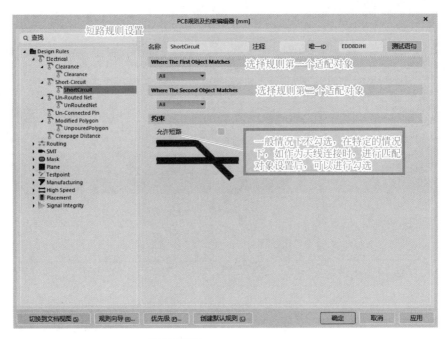

图 6-27　短路规则设置界面

(3) 开路规则设置

在设置开路规则选项时，一般选择"All"，对所有的选项都不允许开路。设计者如果需要对某个网络或者网络类单独设置开路，则在"相应"规则上单击鼠标右键，建立一个新规则，命名"自定义"，在"Where The Object Matches"栏中，选择适配对象，进行单独设置，如图 6-28 所示。

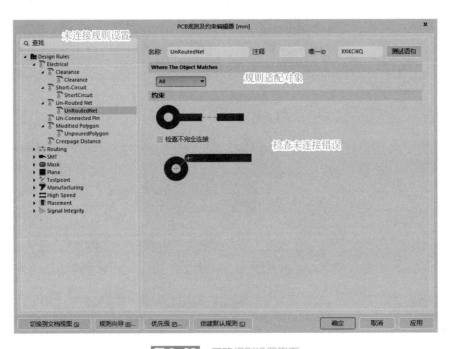

图 6-28　开路规则设置界面

(4) 修改多边形规则设置

在设置修改多边形规则选项时，一般选择"All"，对所有的选项都不允许开路，如图 6-29 所示，如有特殊情况，设计者亦可以有针对地进行设置。

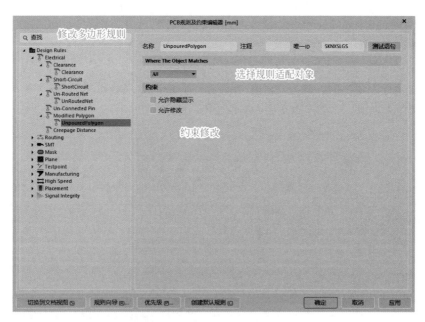

图 6-29 修改多边形规则设置界面

(5) 如何设置布线规则

PCB 布线规则设置及设置界面见图 6-30。

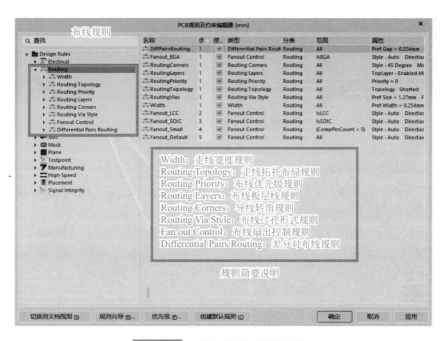

图 6-30 PCB 布线规则设置界面

(6) 导线宽规则设置

❶ Width（导线宽度）有最大线宽、首选线宽、最小线宽三个选项。系统对导线宽度的默认值为 0.254mm（10mil），设计者可以根据自己需求自行定义导线宽度，具体可以参见本书 6.1.6 中线宽与电流说明进行配置。

❷ 在"Where The Object Matches"栏中，选择适配对象，此处可以根据设计者需求，对导线线宽进行设置，也可以对层、最大线宽、最小线宽、优选线宽进行设置。

❸ 设计者如果需要对某个网络或者网络类单独设置线宽，则在"Width"规则上单击鼠标右键，建立一个新规则，命名"自定义"，在"Where The Object Matches"栏中，选择适配对象，把最大、最小、优选线宽进行单独设置，如图 6-31 所示。

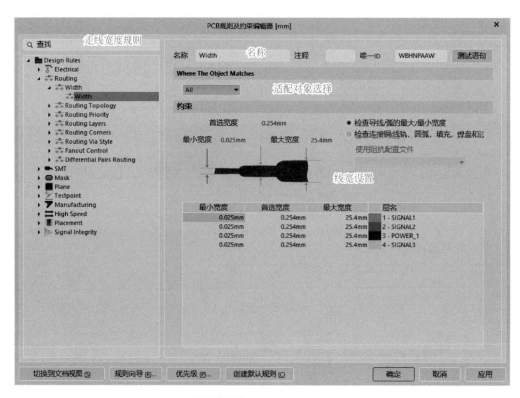

图 6-31 导线宽规则设置

(7) 走线拓扑规则设置

走线的拓扑结构是指一个网络的布线顺序及布线结构。对于多负载的网络，根据实际情况，选择合适的布线拓扑结构并采取。

❶ 点到点：此种拓扑结构比较简单，只要在驱动端或接收端进行适当的阻抗匹配（通常情况下使用其中的一种就够了，有的电路会出现要求同时使用两种匹配的情况），便可以得到较好的信号完整性。

❷ 当网络整个走线长度延迟小于信号的上升或下降时间时，可采用菊花链拓扑结构，布线从驱动端开始，依次到达各接收端，在实际设计中，应使菊花链布线中分支长度尽可能短。

菊花链走线的优点是：

a. 占用的布线较小并可用单一电阻匹配终结。

b. 在控制走线的高次谐波干扰方面，效果较好。

菊花链走线的缺点是：

a. 布通率低，不容易 100% 布通。

b. 不同的信号接收端，信号的接收不同步。

具体走线拓扑规则设置见图 6-32。

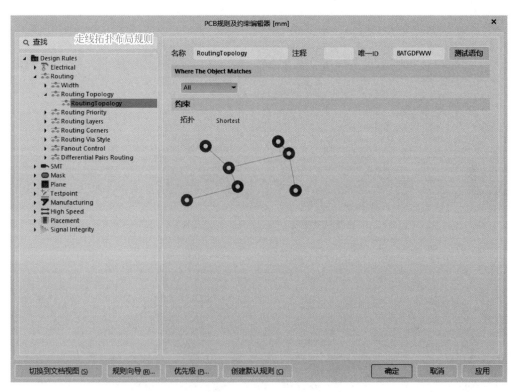

图 6-32　具体走线拓扑规则设置

⑻ 布线优先级规则设置

设计者可以根据自己需求对走线的优先级进行设置，具体见图 6-33。

⑼ 布线板层规则设置

设计者可以根据自己需求对走线的板层规则进行设置，具体见图 6-34。

⑽ 布线倒角规则设置

设计者可以根据自己需求对布线倒角的规则进行设置，具体见图 6-35。

⑾ 过孔大小规则设置

设计者可以根据自己需求对过孔大小规则进行设置，具体见图 6-36。

⑿ 布线扇出规则设置

这个规则主要是针对 BGA 等芯片扇出制定的规则，设计者可以根据自己的需求对规则进行设置，具体见图 6-37、图 6-38。

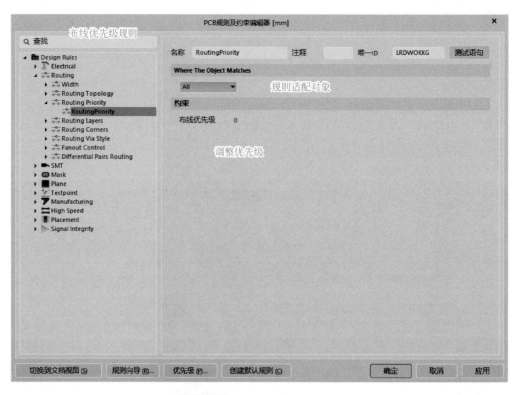

图 6-33　布线优先级规则设置

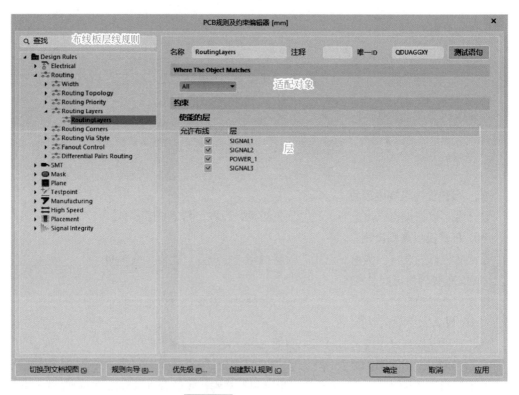

图 6-34　布线板层规则设置

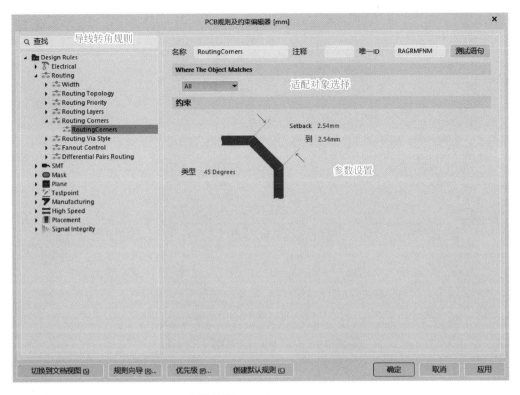

图 6-35   布线倒角规则设置

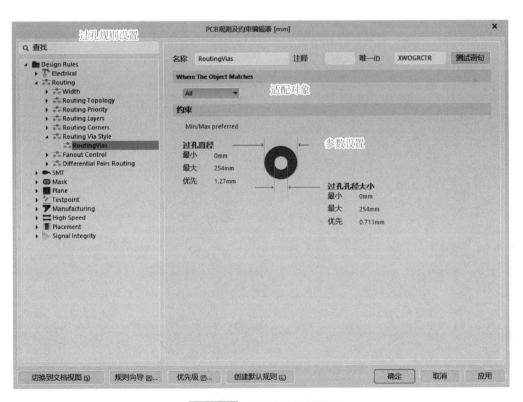

图 6-36   过孔大小规则设置

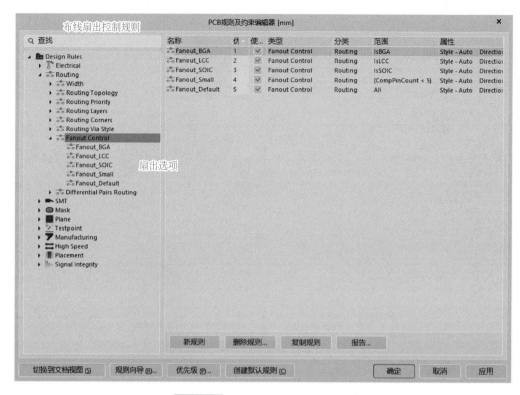

图 6-37 布线扇出规则设置（1）

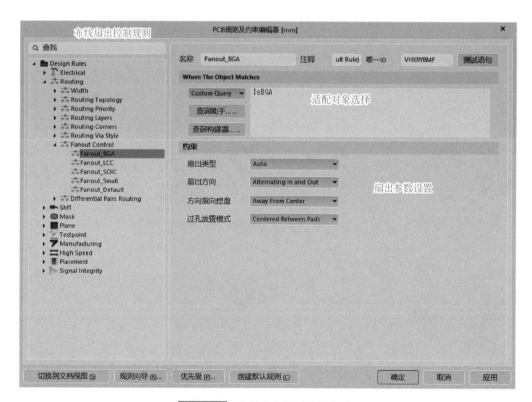

图 6-38 布线扇出规则设置（2）

(13) 差分线规则设置

在 PCB 设计中，差分信号是比较重要的信号，一般设置差分信号到其他信号的间距是 20mil。设计者可以根据自己的需求对差分线最大间距、优选间距、最大宽度规则进行设置，也可以根据设计添加阻抗配置文件，进行阻抗配置，具体见图 6-39。

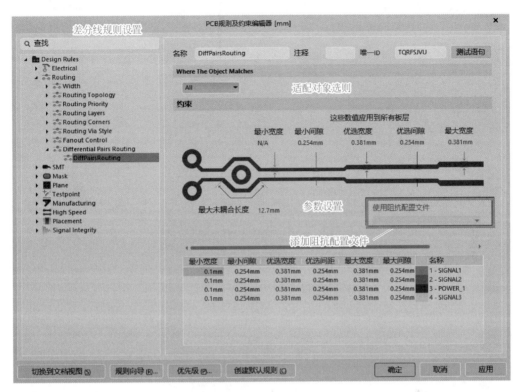

图 6-39 差分线规则设置

(14) SMT 表贴焊盘规则设置

设计者可以根据自己的需求对 SMT 焊盘大小规则进行设置，一般为默认值，具体见图 6-40。

(15) Mask 阻焊层规则设置

设计者可以根据自己的需求对 Mask 阻焊层、阻焊层收缩量及助焊层收缩量规则进行设置，一般为默认值，具体见图 6-41 ～图 6-43。

(16) Plane 电源层规则设置

设计者可以根据自己的需求对 Plane 电源层连接方式、连接类型、安全间距、与焊盘连接方式等规则进行设置，具体见图 6-44 ～图 6-47。

(17) Test Point 测试点规则设置

设计者可以根据自己的需求对测试点连接样式、参数设置、连接方式等规则进行设置，具体见图 6-48 ～图 6-50。

(18) 工业（Manufacturing）规则设置

设计者可以根据自己的需求对工业规则进行设置，具体见图 6-51。

145

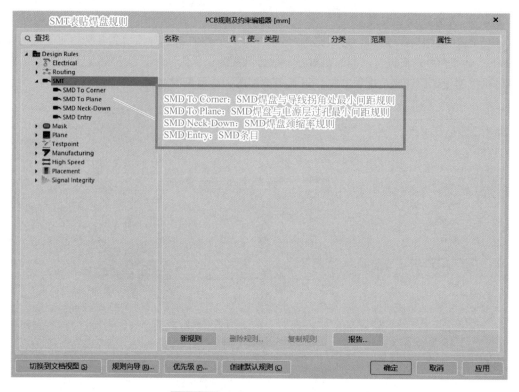

图 6-40 SMT 表贴焊盘规则设置

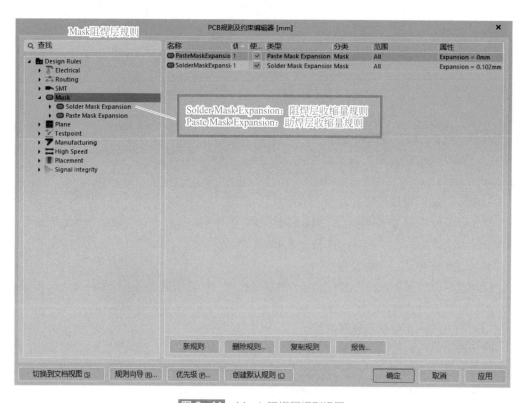

图 6-41 Mask 阻焊层规则设置

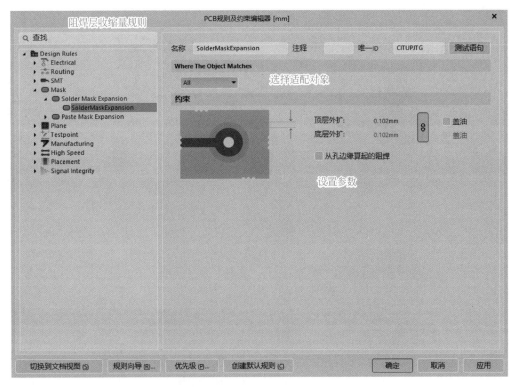

图 6-42　阻焊层收缩量规则设置

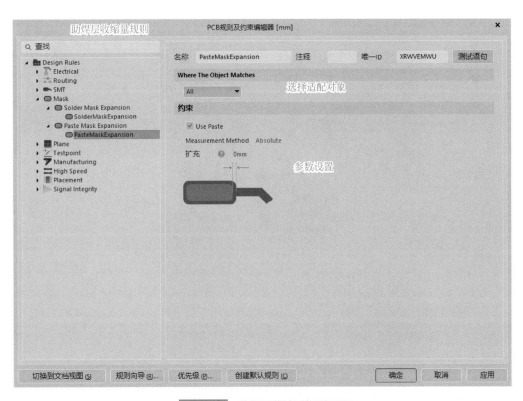

图 6-43　助焊层收缩量规则设置

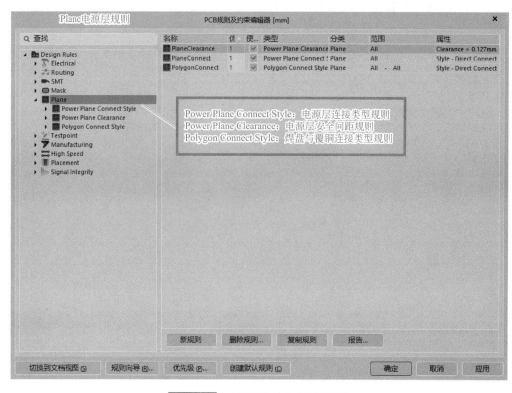

图6-44 电源层连接方式规则设置

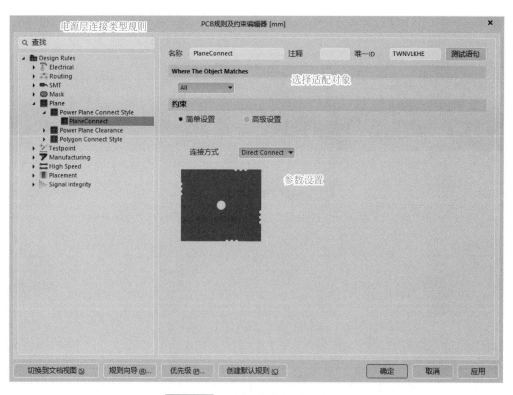

图6-45 电源层连接类型规则设置

图 6-46 电源层安全间距规则设置

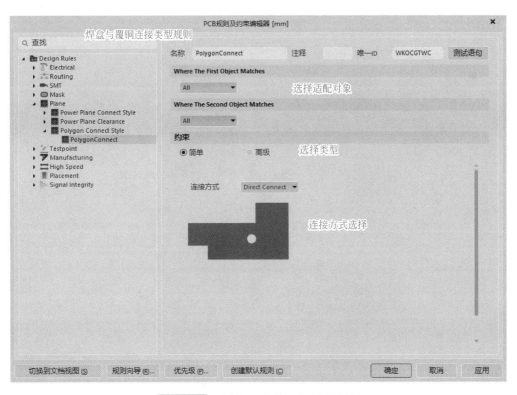

图 6-47 覆铜与焊盘连接方式规则设置

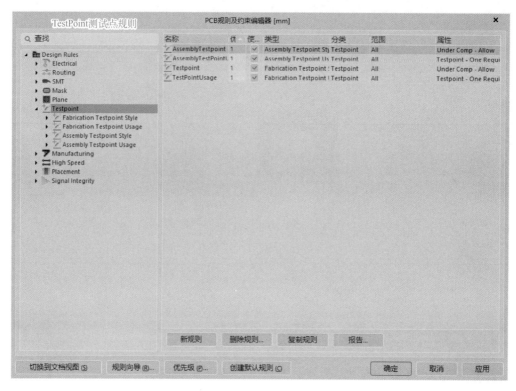

图 6-48   测试点连接样式规则设置

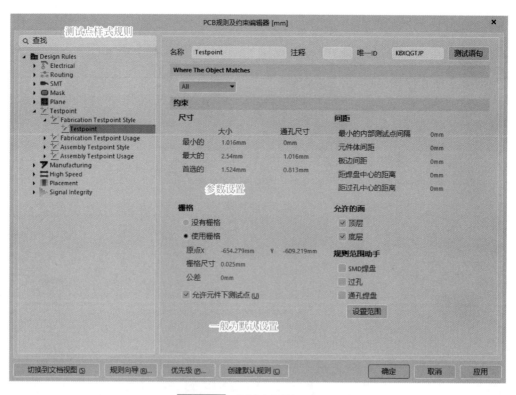

图 6-49   测试点参数规则设置

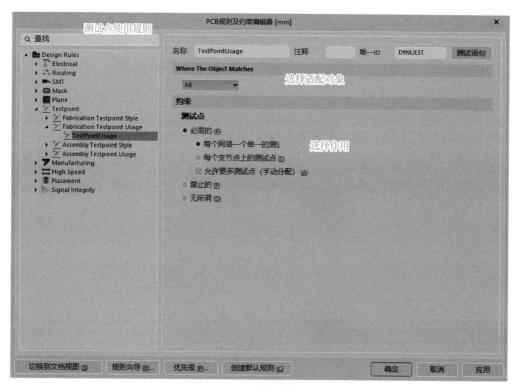

图 6-50　测试点连接方式规则设置

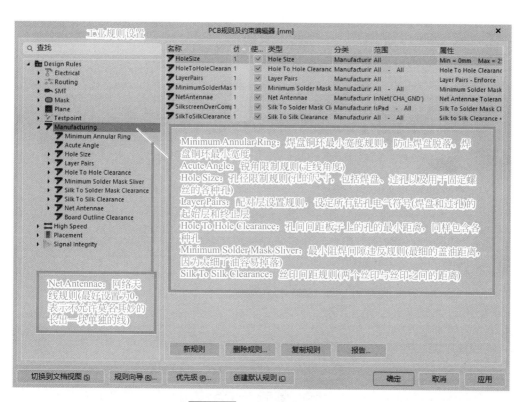

图 6-51　工业规则设置界面

① 焊盘最小宽度设置，一般为默认设置，具体见图6-52。

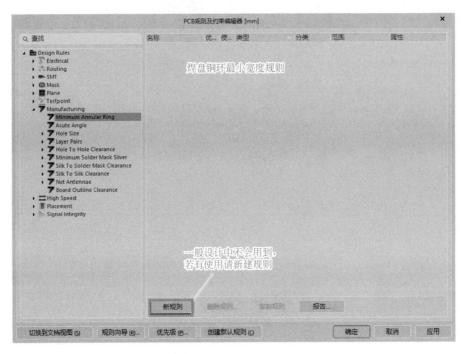

图6-52　焊盘最小宽度规则设置

② 走线锐角限制规则设置，一般为默认设置，具体见图6-53。

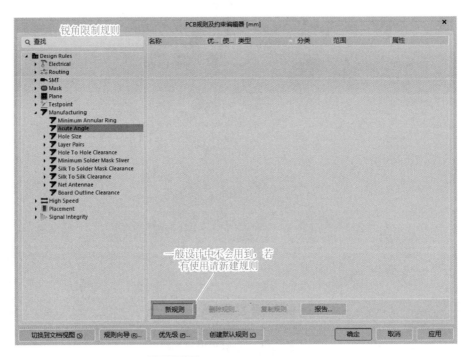

图6-53　走线锐角限制规则设置

❸ 钻孔孔径限制规则设置，设计者可以根据需求自行设置，具体见图 6-54。

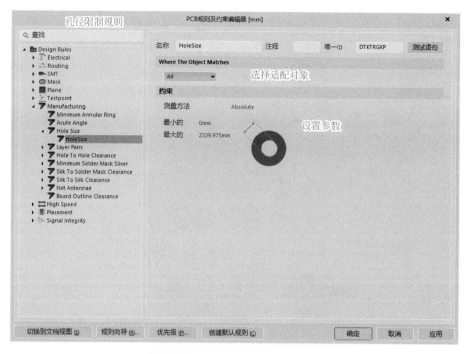

图 6-54 钻孔孔经限制规则设置

❹ 钻孔间距限制规则设置，默认为 10mil，设计者可以根据需求自行设置，具体见图 6-55。

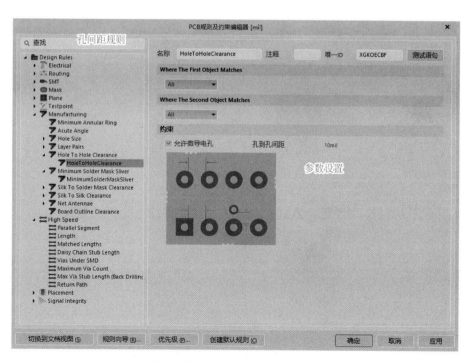

图 6-55 钻孔间距限制规则设置

❺ 阻焊层间距限制规则设置，默认为 10mil，设计者可以根据需求自行设置，具体见图 6-56。

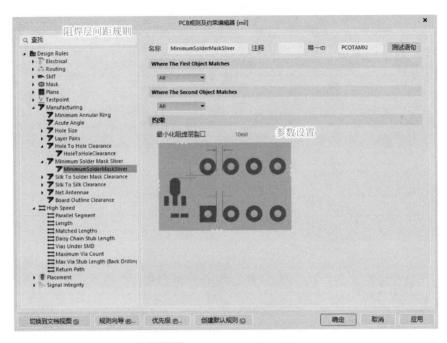

图 6-56 阻焊层间距限制规则设置

❻ 对象与丝印层间距规则设置，默认为 10mil，设计者可以根据需求自行设置，具体见图 6-57。

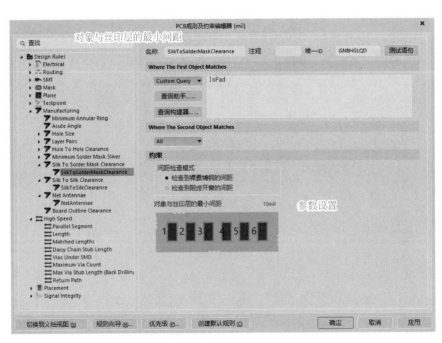

图 6-57 对象与丝印层间距规则设置

❼ 丝印层间距规则设置，默认为10mil，设计者可以根据需求自行设置，具体见图 6-58、图 6-59。

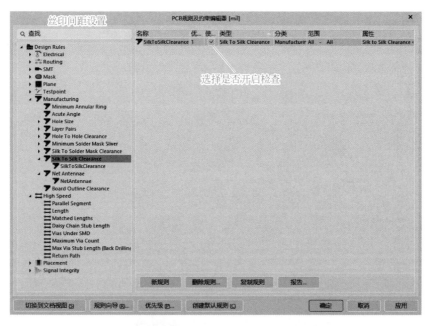

图 6-58 丝印层间距规则设置

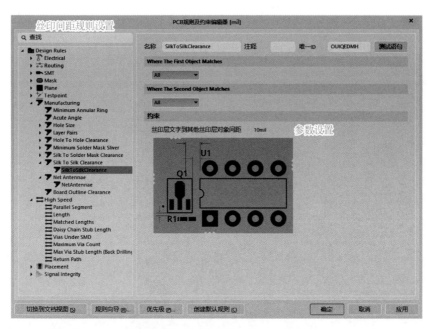

图 6-59 丝印层间距规则参数设置

❽ 线头检查规则设置，此规则是对 PCB 绘制剩余线头进行检查，这类线头简称 Stub 线头，Stub 线头在信号传输过程中相当于"天线"，在高速电路板中容易导入串扰，所以有必

要对 Stub 线头进行检查，系统默认设置为 0mil，设计者也可以根据需求自行设置，具体见图 6-60、图 6-61。

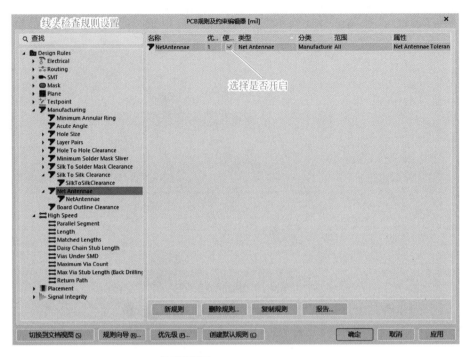

图 6-60　线头检查规则设置

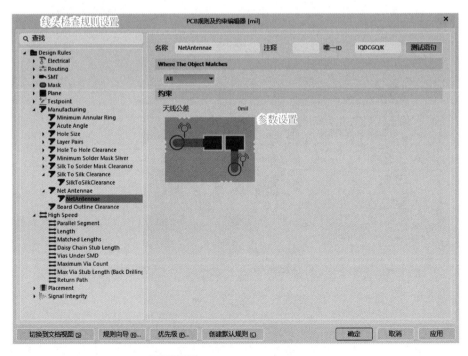

图 6-61　线头检查规则参数设置

⑨ 高速信号（高频电路）检查规则设置，此规则一般为默认设置，具体见图6-62。

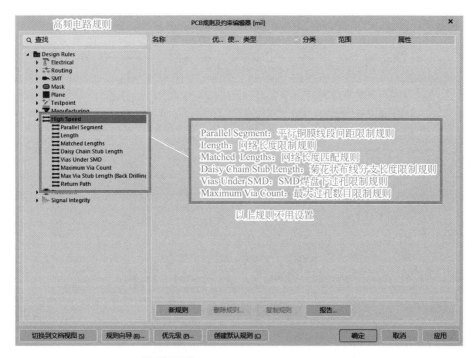

图6-62 高速信号检查规则参数设置

⑩ 元件布置规则设置，此规则一般为默认设置，具体见图6-63。

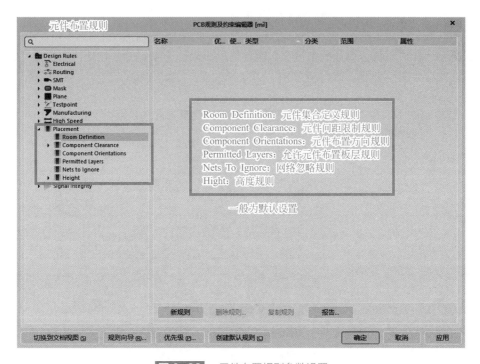

图6-63 元件布置规则参数设置

⑪ 信号完整性规则设置，此规则一般为默认设置，具体见图6-64。

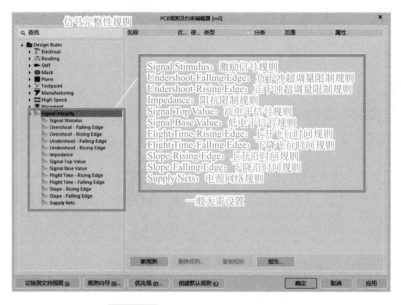

图 6-64 信号完整性规则参数设置

6.4 执行 PCB 电路 DRC 校验及错误排除

6.4.1 如何对 PCB 使用 DRC 校验

在菜单选择"工具—设计规则检查"或者使用快捷键 T+D，打开设计规则检查"DRC"设置对话框，如图6-65所示。

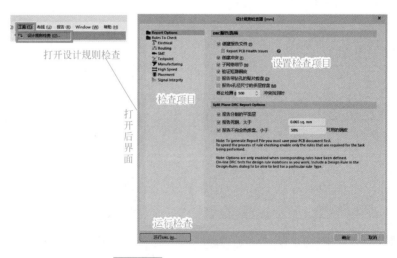

图 6-65 打开设计规则检查菜单

❶ 单击"运行 DRC"后，在设计规则检查完成后，软件会输出一个"DRC"报告，如果 PCB 中有错误，会输出报错的位置信息，设计者可以根据信息对错误位置进行定位。如图 6-66、图 6-67 所示。

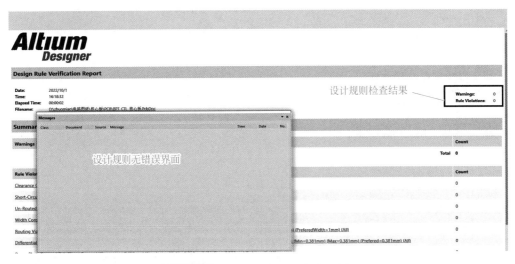

图 6-66 设计规则检查报告（正常）

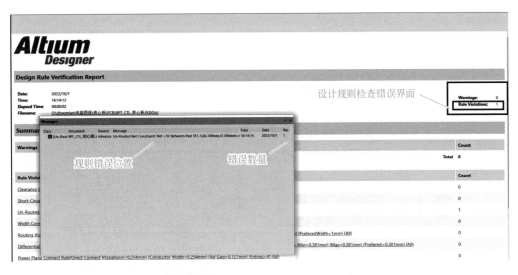

图 6-67 设计规则检查报告（错误）

❷ 设计规则检查错误后位置定位，见图 6-68 ～图 6-70。

6.4.2 如何处理 PCB 设计 DRC 检查常见问题及处理

用 Altium Designer22 绘制完 PCB 后，必须进行 DRC 检查，然后会提示一些问题，现在就可能出现的问题做一个总结，方便设计者参考。

CHAPTER 5

（1）报错信息：Clearance Constraint （All）

此信息说明 PCB 中的电气间距，比如各类元件的焊盘间距，小于规则中设定值，会造成报警。

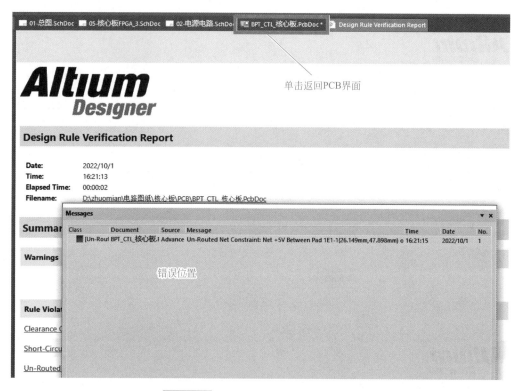

图6-68　设计规则检查错误位置显示

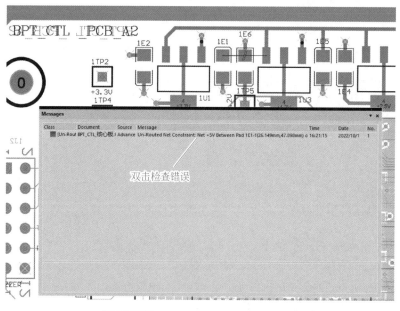

图6-69　设计规则检查错误位置查找

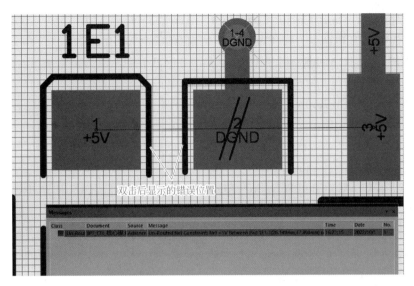

图 6-70 设计规则检查错误位置定位

处理方法： 见图 6-71，可以分别设置走线（Track）、贴片焊盘（SMD Pad）、通孔焊盘（TH Pad）、过孔（Via）、覆铜（Copper）、丝印字符（Text）、孔（Hole），这些之间的间距都可以设置约束值。低速板参考间距是 8 ~ 10mil，高速板参考间距是 4 ~ 5mil，根据设计需求更改合理间距，就可以解决问题。

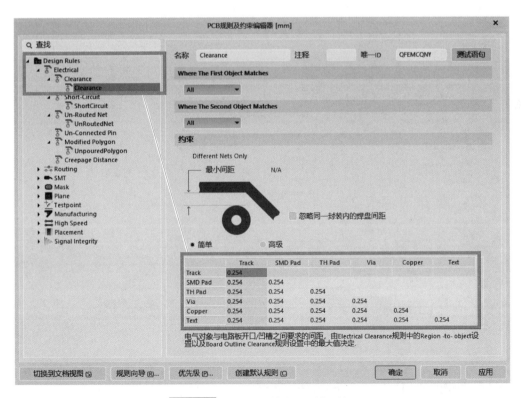

图 6-71 设计规则检查间距错误处理

CHAPTER 3

（2）**报错信息：** Short-Circuit Constraint （Allowed=No），（All）

此信息说明 PCB 电路中，存在短路，即不同网络的电气产生接触。

处理方法： 根据"Messages"报错的位置，在 PCB 界面，双击报错条目，即可跳转至故障短路点进行解决。

（3）**报错信息：** Un-Routed Net Constraint （All）

此信息说明 PCB 电路中，存在未布线网络，即有网络的引脚未进行连接。

处理方法： 根据"Messages"报错的位置，在 PCB 界面双击报错条目，即可跳转至故障断路点进行解决。

（4）**报错信息：** Modified Polygon（Allow Modified：No），（Allow Shelved：No）

此信息说明 PCB 电路中，多边形覆铜调整后未更新。这项检查是放置在电源分割、模拟地数字地分割时候，调整了分割范围、边框外形而未更新覆铜。

处理方法： 出现此错误时，在菜单栏中选择"工具—覆铜—所有覆铜重新覆铜"，对已选择的错误覆铜执行重新覆铜，即可解决。

（5）**报错信息：** Width Constraint

此信息说明 PCB 电路中，布线线宽不符合规则要求。

处理方法： 图 6-72 中针对一些特殊线宽，如电源线、GND、高速信号线等不合规的线宽，提出了解决方案。

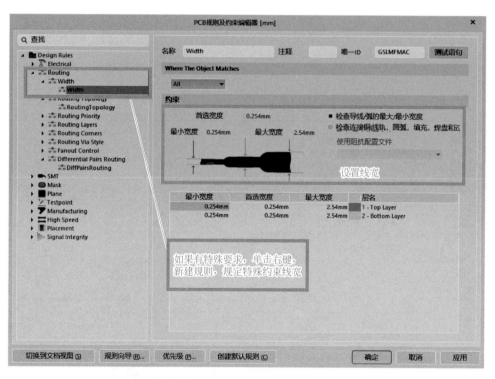

图 6-72 设计规则检查线宽错误处理

（6）**报错信息：** Hole Size Constraint （All）

此信息说明 PCB 电路中，孔径大小不符合规则要求，这个参数会影响到 PCB 制板厂的钻孔工艺。

处理方法：通过在图 6-73 中所示位置修改合适孔径规则，即可解决。

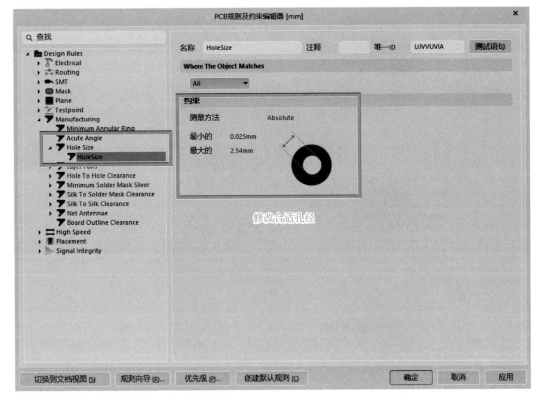

设计规则检查孔径错误处理

（7）**报错信息：Hole To Hole Clearance（All）**

此信息说明 PCB 电路中，孔到孔之间的间距不符合规则。有时候元器件的封装有固定孔，与另一层的元件的固定孔距离太近，从而报错。

处理方法：通过修改元件放置位置与调整封装钻孔位置，即可解决。

（8）**报错信息：Minimum Solder Mask Sliver（All）**

此信息说明 PCB 电路中，阻焊最小间隙不符合规则。一般的在焊盘周围都会有阻焊层，阻焊层存在的目的是生产工艺中，控制阻焊油、绿油的开窗范围。两个或多个焊盘的阻焊层距离过小从而报警。

处理方法：通过合理设置图 6-74 中间距，即可解决。

（9）**报错信息：Silk To Solder Mask（IsPad），（All）**

此信息说明 PCB 电路中，丝印到阻焊距离不符合规则，从而报警。

处理方法：通过合理设置图 6-75 中间距，即可解决。

（10）**报错信息：Silk to Silk（All）**

此信息说明 PCB 电路中，丝印与丝印间距不符合规则，从而报警。

处理方法：通过合理设置图 6-76 中间距，即可解决。

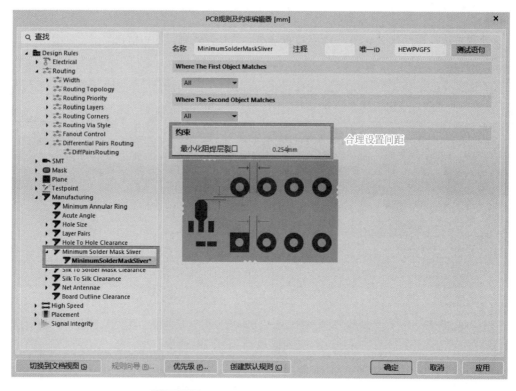

图6-74 设计规则检查阻焊间距错误处理

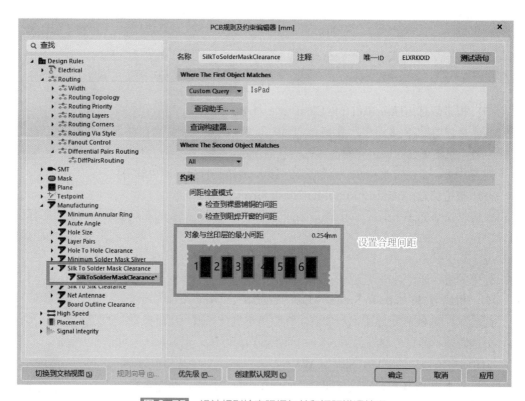

图6-75 设计规则检查阻焊与丝印间距错误处理

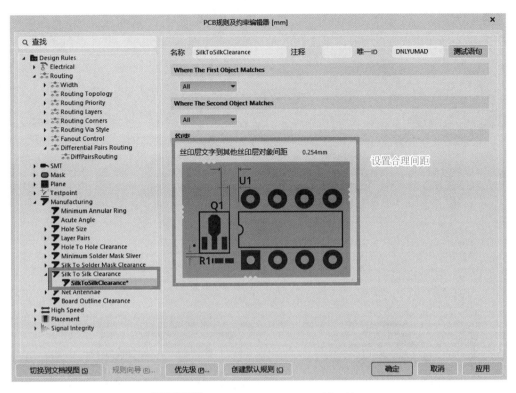

图 6-76 设计规则检查丝印间距错误处理

(11) 报错信息:Net Antennae （Tolerance=0mil） （All）

此信息说明 PCB 电路中，PCB 网络中存在未绘制完成的线，且线只有一头，形成了天线效应，从而报警，见图 6-77。

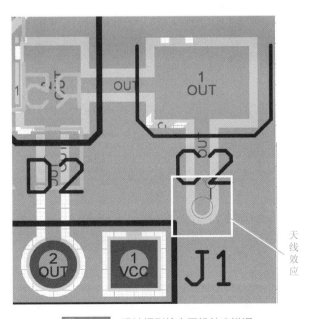

图 6-77 设计规则检查天线效应错误

处理方法：通过天线效应规则约束，可以设定走线长度阈值，并且超过此阈值则认为存在天线效应而产生报警，一般设置成"0"即可解决，见图6-78。

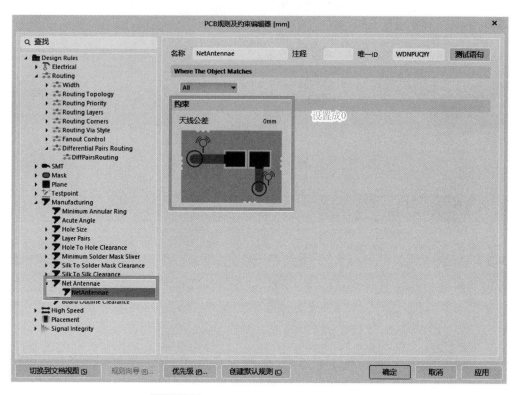

图 6-78　设计规则检查天线效应错误处理

第七章

Altium Designer22
PCB 文件输出

在 PCB 图绘制完成后，需要进行各种生产文件的转化输出，以便于后期的 PCB 加工制作与文件编写工作。

7.1 PCB 文件转 Gerber 输出

设计者 PCB 电路设计中经常会看到 Gerber 文件这个名词，它实际上是一种计算机软件，是线路板行业软件描述线路板（线路层、阻焊层、字符层等）图像及钻、铣数据的文档格式集合，是线路板行业图像转换的标准格式。

Gerber 文件是所有电路设计软件都可以输出的文件，输出 Gerber 文件的目的是防止抄袭，Gerber 文件在电子装配中是模板数据文件 "Stencil Data"，在 PCB 加工业称为光绘文件，所以说 Gerber 文件是电子装配中大量广泛使用的文件，Gerber 文件可以让生产厂商快捷和精准地获取信息，有利于生产加工。

(1) 通过 PCB 菜单操作

• 在 PCB 菜单栏选择 "文件—制造输出—Gerber Files" 或者使用快捷键 F+F，再选择 "制造输出—Gerber Files"，同样可以进入 Gerber 文件导出设置如图 7-1 所示。

❶ Gerber 输出向导通用设置，单位一般选择英寸，格式选择 2：4（保留一位小数），见图 7-2。

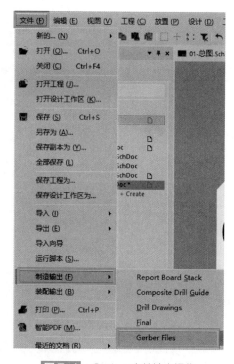

图 7-1 Gerber 文件输出操作

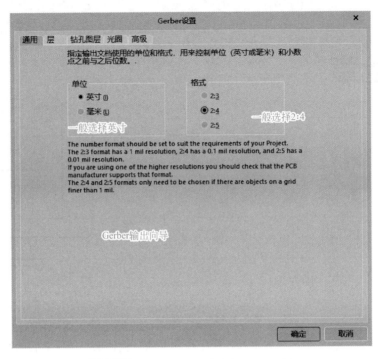

图 7-2　Gerber 文件输出向导通用设置

❷ Gerber 输出向导层设置，左下角绘制层选择"全选"，镜像层选择"全部不选"，在上边的机械层只保留 Mechanical 1，勾选右边的机械 1 层，具体见图 7-3。

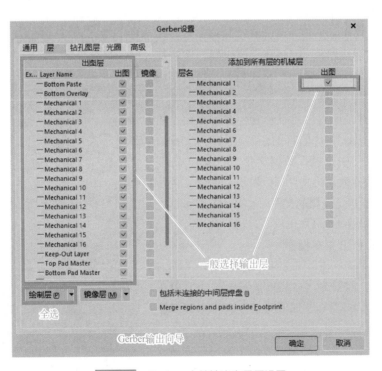

图 7-3　Gerber 文件输出向导层设置

❸ Gerber 输出向导钻孔层，此选项全部勾选，见图 7-4。

图 7-4 Gerber 文件输出向导钻孔层设置

❹ Gerber 输出向导光圈设置，此选项默认，见图 7-5。

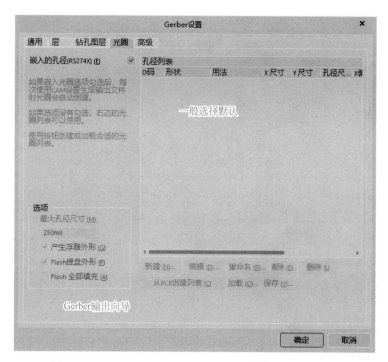

图 7-5 Gerber 文件输出向导光圈设置

❺ Gerber 输出向导高级设置，胶片规则三个数值都扩大 10 倍（改成 A3 纸），其他选项默认即可，见图 7-6，完成后输出的 Gerber 文件见图 7-7。

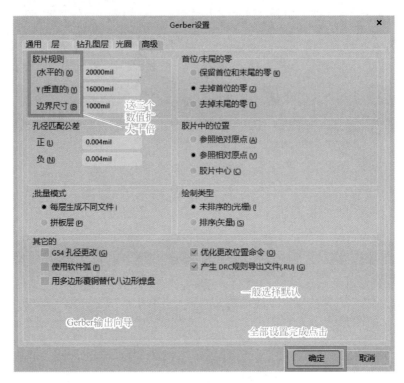

图 7-6　Gerber 文件输出向导高级设置

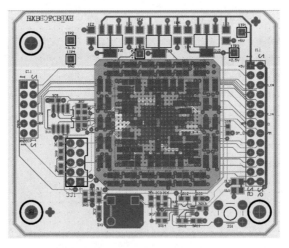

图 7-7　Gerber 文件输出效果图

(2) PCB 文件转换 Gerber X2 输出

Gerber X2：最新的 Gerber 文件格式，可以插入板的层叠信息及属性。

在 PCB 菜单栏选择"文件—制造输出—Gerber X2 Files"或者使用快捷键 F+F，再选择

"制造输出—Gerber X2 Files"，同样可以进入 Gerber X2 文件导出设置，见图 7-8。

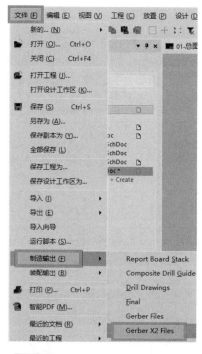

图 7-8　Gerber X2 文件输出操作

❶ Gerber X2 输出向导出图层设置，出图层选择"Plot Layers—选择使用到的"，具体见图 7-9。

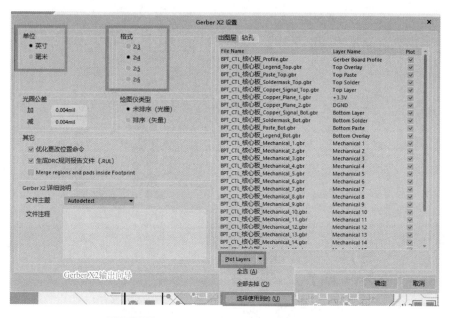

图 7-9　Gerber X2 文件输出向导出图层设置

171

❷ Gerber X2 输出向导钻孔层设置，钻孔层选择"Plot Drills—选择使用到的"，具体见图 7-10，完成后 Gerber X2 输出文件效果图见图 7-11。

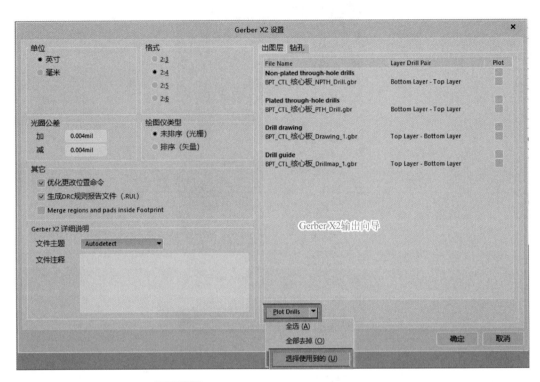

图 7-10 Gerber X2 文件输出向导钻孔层设置

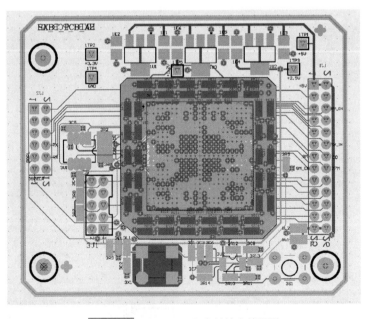

图 7-11 Gerber X2 文件输出效果图

❸ Gerber 文件与 Gerber X2 文件输出格式略有不同，具体见表 7-1。

◇ 表 7-1　Gerber 与 Gerber X2 输出文件对照表

Gerber Files		Gerber X2 Files	
1	A.apr	D 码表	A.apr	D 码表
2	A.DRR		A.EXTREP	
3	A.EXTREP		A.PcbDoc.htm	PCB 原文件下载地址
4	A.GBL	BOT 底层线路层 / 覆铜层	A.REP	
5	A.GBO	BOT 底层丝印层 / 元件位号	A.RUL	字符串
6	A.GBP	BOT 底层（钢网层）助焊层	A_Copper_Signal_Bot.gbr	BOT 底层线路层 / 覆铜层
7	A.GBS	BOT 底导（绿油层）阻焊层	A_Copper_Signal_Top.gbr	TOP 顶层线路层 / 覆铜层
8	A.GD1	钻孔列表	A_Drawing_1.gbr	钻孔列表
9	A.GG1	钻孔图表	A_Drillmap_1.gbr	钻孔图表
10	A.GKO	PCB 板外形尺寸 / 形状	A_Keep-out.gbr	PCB 板外形尺寸 / 形状
11	A.GM16	机械层	A_Legend_Bot.gbr	BOT 底层丝印层 / 元件位号
12	A.GPB	BOT 底层焊盘层 / 焊锡层	A_Legend_Top.gbr	TOP 顶层丝印层 / 元件位号
13	A.GPT	TOP 顶层焊盘层 / 焊锡层	A_Mechanical_16.gbr	机械层
14	A.GTL	TOP 顶层线践层 / 覆铜层	A_Pads_Bot.gbr	BOT 底层焊盘层 / 焊锡层
15	A.GTO	TOP 顶层丝印层 / 元件位号	A_Pads_Top.gbr	TOP 顶层焊盘层 / 焊锡层
16	A.GTP	TOP 顶层（钢丝层）助焊层	A_Paste_Bot.gbr	BOT 底层（钢网层）助焊层
17	A.GTS	TOP 顶层（绿油层）阻焊层	A_Paste_Top.gbr	TOP 顶层（钢网层）助焊层
18	A.LDP		A_Profile.gbr	PCB 板外形轮廓
19	A.REP		A_PTH_Drill.gbr	圆形钻孔文件图
20	A.RUL	字符串	A_Soldermask_Bot.gbr	BOT 底层（绿油层）阻焊层
21	A-macro.APR_LIB		A_Soldermask_Top.gbr	TOP 顶层（绿油层）阻焊层
22	A-RoundHoles.TXT	圆形孔钻孔文件	A-macro.APR_LIB	
23	A-SlotHoles.TXT	椭圆形孔钻孔文件	Status Report.Txt	文件输出报告
24	Status Report.Txt	文件输出报告		

7.2　PCB 文件转钻孔文件输出（NC Drill Files）

❶ 在 PCB 菜单栏选择"文件—制造输出—NC Drill Files"或者使用快捷键 F+F，再选择"制造输出—NC Drill Files"，同样可以进入 NC Drill Files 文件导出操作，见图 7-12。

❷ 单位用英寸，格式为 2：5，其他默认，见图 7-13。

❸ 单位等设置项目一般均为默认，见图 7-14，完成后输出效果见图 7-15。

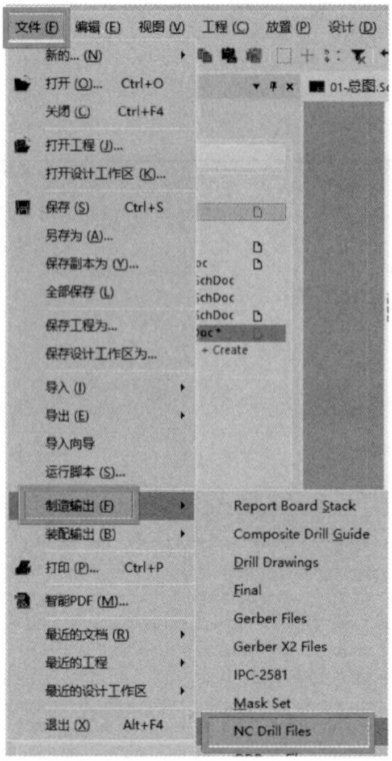

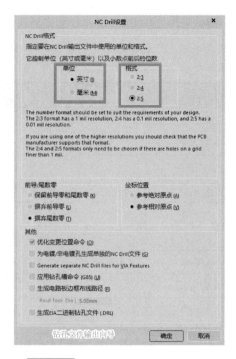

图 7-12　钻孔文件输出操作

图 7-13　钻孔文件输出设置（1）

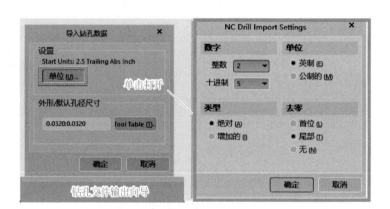

图 7-14　钻孔文件输出设置（2）

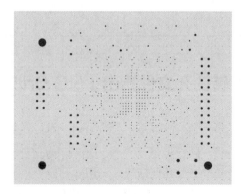

图 7-15　钻孔文件输出效果图

7.3 PCB 文件转 ODB++ 文件输出

ODB++ 文件是由 VALOR（IPC 会员单位）提出的一种 ASCII 码，双向传输文件。文件集成了所有 PCB 和线路板装配功能性描述，涵盖了 PCB 设计、制造和装配方面的要求，包括所有 PCB 绘图、布线层、布线图、焊盘堆叠、夹具等信息。它的提出主要用来代替 Gerber 文件的不足，包含有更多的制造、装配信息。

❶ 在 PCB 菜单栏选择"文件—制造输出—ODB++ Files"或者使用快捷键 F+F，再选择"制造输出—ODB++ Files"，同样可以进入"ODB++ Files"文件导出操作，见图 7-16。

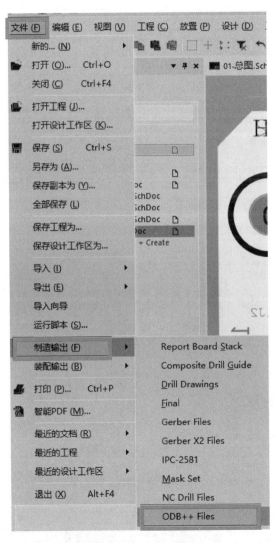

图 7-16 ODB++ 文件输出操作

❷ 单位选择"英制"，其他项目一般均为默认，绘制层选择"勾选使用的"，见图 7-17。设置完成后输出效果，见图 7-18。

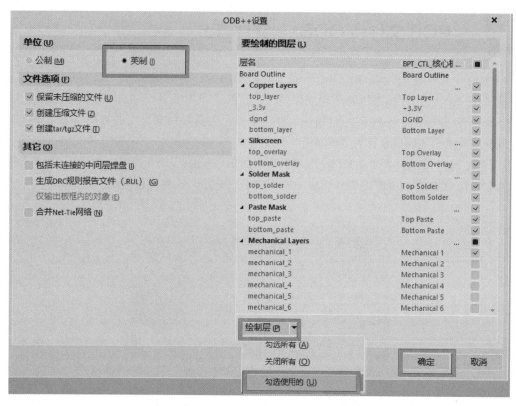

图 7-17 ODB++ 文件输出设置

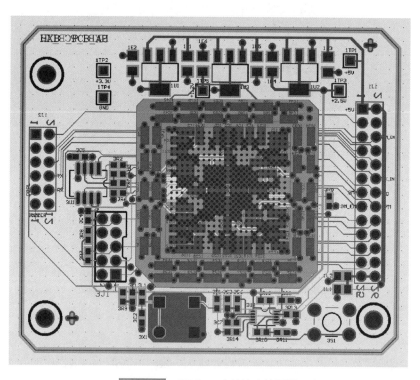

图 7-18 ODB++ 文件输出效果图

7.4　PCB 文件转 IPC 网表文件输出

　　IPC 网表，准确地说应该是 IPC-D-356 网表文件，大家简称 IPC 网表文件。它是一种特定格式的记录设计文件各逻辑关系的网络集合文件。

　　IPC-D-356A 文件可以添加到驱动飞针测试设备的后处理命令中。如果提供了 IPC-D-356A 文件，使用先进的测试设备可以读入，并转换成测试机能够正常识别的网络文件，用于厂家再次检查短路和开路，是 PCB 电路测试中一种有效检验印刷电路板的方法。

　　❶ 在 PCB 菜单栏选择"文件—制造输出—Test Point Report"或者使用快捷键 F+F，再选择"制造输出—Test Point Report"，同样可以进入"Test Point Report"文件导出操作，见图 7-19。

　　❷ 单位选择"英制"，报告格式选择"IPC-D-356A"，坐标选择"参考绝对原点"，其他项目一般均为默认，具体见图 7-20。

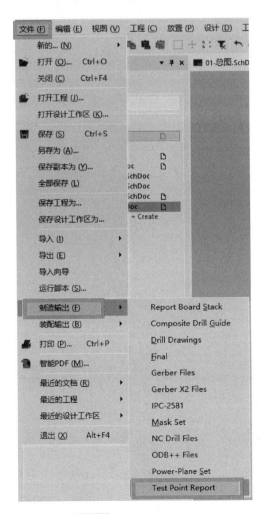

图 7-19　IPC 网表输出操作

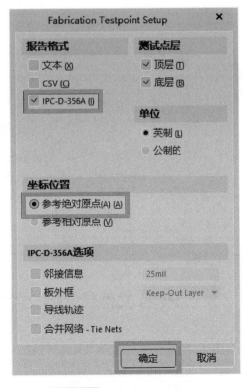

图 7-20　IPC 网表输出设置

❸ 单击"单位"打开选项，设置均为默认，具体见图 7-21，设置完成后输出效果，见图 7-22。

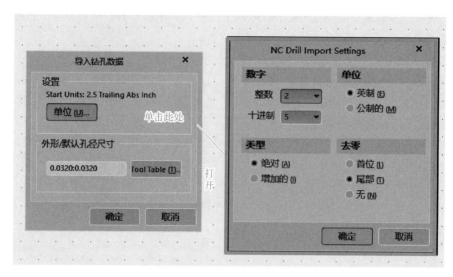

图 7-21　IPC 网表输出过程设置

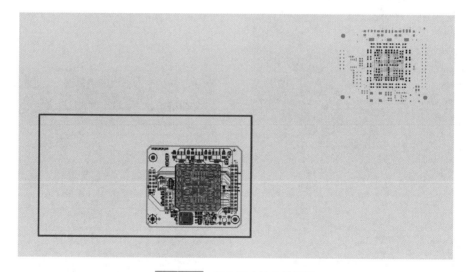

图 7-22　IPC 网表输出效果图

7.5　PCB 文件转坐标文件输出

❶ 在 PCB 菜单栏选择"文件—装配输出—Assembly Drawings"或者使用快捷键 F+F，再选择"装配输出—Assembly Drawings"，或使用快捷键 F+B+G 同样可以进入"Assembly Drawings"文件导出操作，见图 7-23。

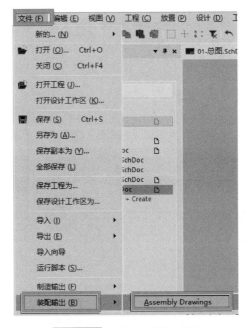

图 7-23　坐标文件输出操作

❷ 单位选择"英制",其他项目一般均为默认,具体见图 7-24。

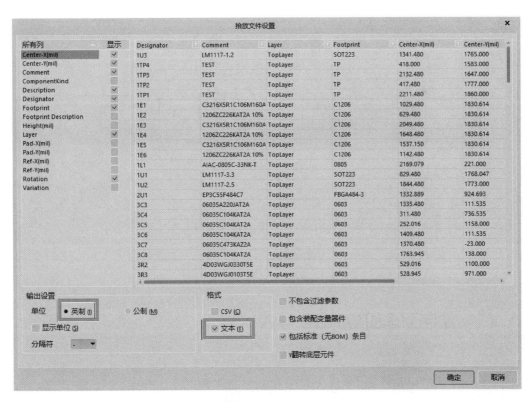

图 7-24　坐标文件输出设置

第八章

绘制 PCB 二层板实例

8.1 绘制 PCB 基本步骤

二层 PCB 设计绘制过程，见图 8-1。

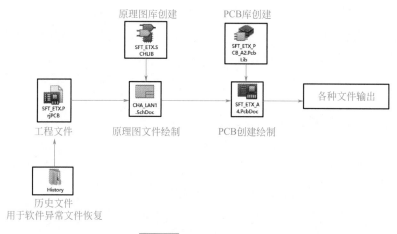

图 8-1 PCB 设计过程

8.2 绘制原理图与 PCB 导入

8.2.1 绘制原理图

设计者可以根据前面章节介绍，进行工程文件创建、原理图元件库创建、原理图绘制，绘制好的原理图见图 8-2。

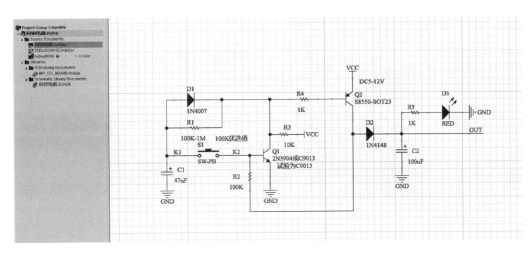

图 8-2　绘制好的原理图

8.2.2　如何导入 PCB 文件

❶ 原理图绘制完成以后，对绘制好的原理图进行编译，具体编译结果见图 8-3。如编译中出现错误，按照本书 5.6.3 中的内容解决即可，然后就可以进行原理图至 PCB 的导入准备了。

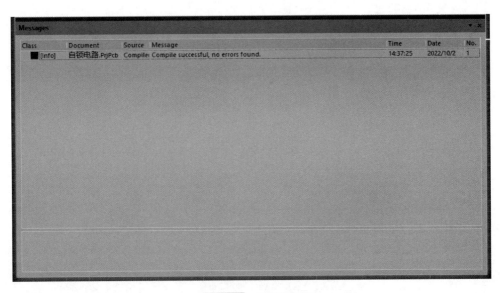

图 8-3　原理图编译

❷ 新建一个 PCB 文件，名称可自行定义，根据前面章节描述的方法，先绘制 PCB 的

外形边框，设置好原点，见图8-4。

❸ 原理图文件导入 PCB 文件，先点击"执行变更"，后点击"验证变更"，见图8-5，导入后见图8-6。

❹ PCB 元器件布局，布局后见图8-7。

❺ PCB 元器件布线，将电路进行布线后，见图8-8。

❻ PCB 元器件布线后，没有布线的 GND 网络，按照前面章节介绍的方法，采用覆铜的方式连接，见图8-9、图8-10。

❼ 电路板报告查看，在菜单栏选择"报告—板信息"，打开界面后，选择需要输出的项目，点击"报告"，即可输出当前板子报告，见图8-11。

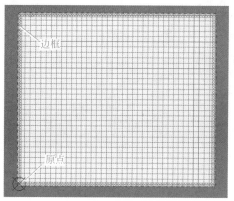

图 8-4　新建 PCB 文件

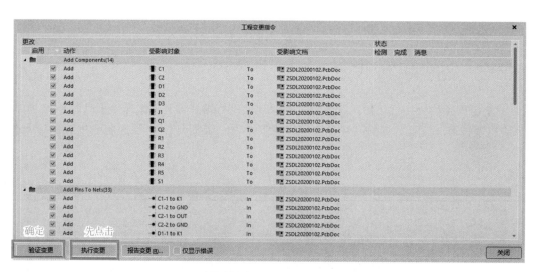

图 8-5　原理图文件导入

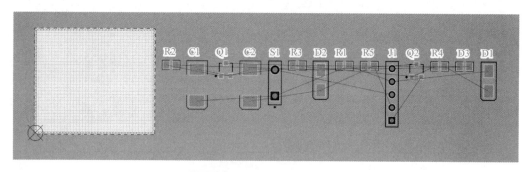

图 8-6　原理图文件导入 PCB

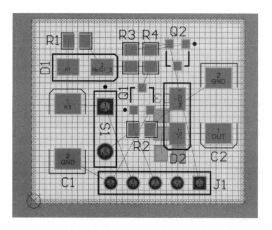

图 8-7 PCB 元器件布局

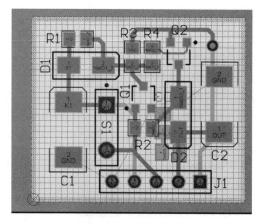

图 8-8 PCB 元器件布线

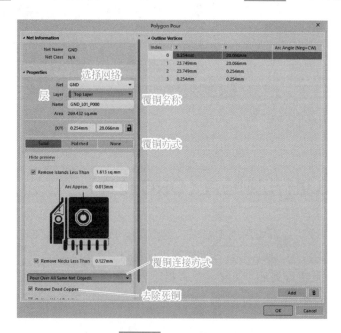

图 8-9 PCB 板覆铜

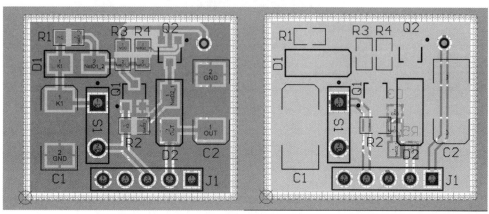

顶层覆铜

底层覆铜

图 8-10 PCB 板覆铜完成

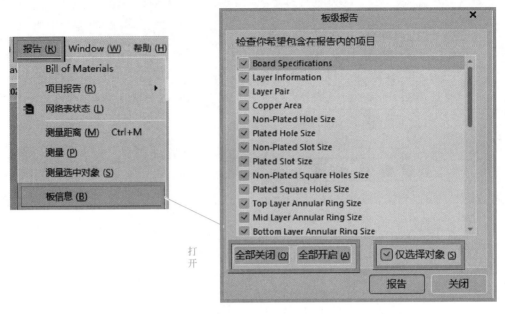

图 8-11 PCB 板报告输出

8.3 PCB 进行规则检查（DRC 校验）

DRC 主要是看设计是否满足规则要求，主要对板子的开路和短路进行检查，还可以对走线的线宽、过孔的大小、丝印和丝印间距等进行检查。

具体检查操作及错误处理，见第 6 章中描述，这里只做简单描述，见图 8-12，校验结果见图 8-13。

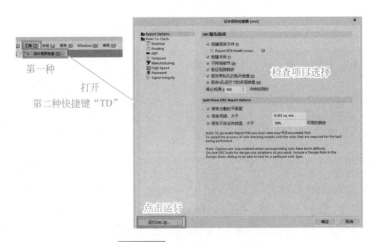

图 8-12 PCB 板 DRC 校验

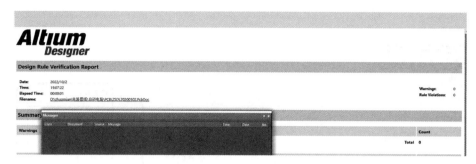

图 8-13　PCB 板 DRC 校验结果

8.4　工程文件意外丢失恢复

设计者在绘制原理图或 PCB 时，由于软件崩溃、电网停电等原因，会造成正在绘制的工程及文件丢失。文件丢失会造成设计者工作量大大增加，如何避免此类情况？打开软件设置选项，选择"Data Management—Backup"选项，在里面设置自动保存，这样就可以在软件发生意外时，尽可能减小文件损失，见图 8-14、图 8-15。

图 8-14　工程文件设置自动保存

图 8-15　工程文件找回

第九章

绘制 PCB 四层板实例

9.1 绘制 PCB 基本步骤

四层 PCB 设计绘制过程，见图 9-1。

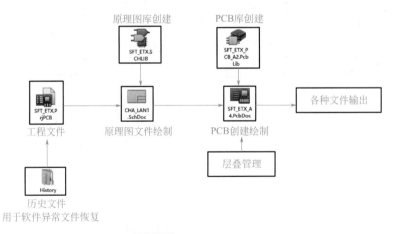

图 9-1 PCB 设计过程

9.2 绘制原理图与 PCB 导入

9.2.1 绘制原理图

设计者可以根据前面章节介绍，进行工程文件创建、原理图元件库创建、原理图绘制，绘制好的原理图见图 9-2。

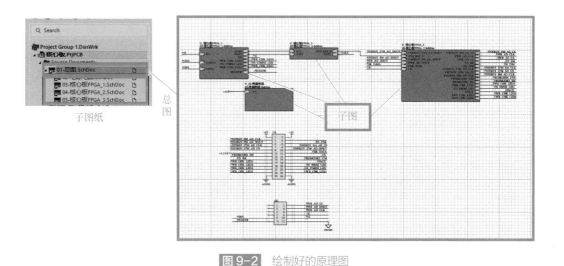

子图纸　总图　子图

图 9-2　绘制好的原理图

9.2.2　如何导入 PCB 文件

❶ 原理图绘制完成以后，对绘制好的原理图进行编译，具体编译结果见图 9-3。如编译中出现错误，按照本书 5.6.3 中的内容解决即可，然后就可以进行原理图至 PCB 的导入准备了。

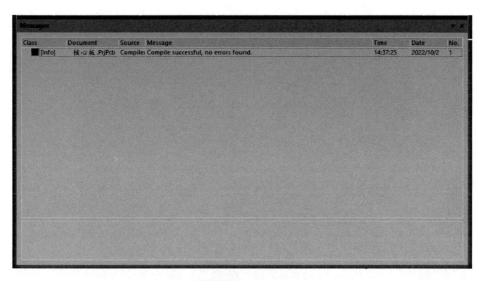

图 9-3　原理图编译

❷ 新建一个 PCB 文件，名称可自行定义，根据前面章节描述的方法，先绘制 PCB 的外形边框，设置好原点，见图 9-4。

❸ PCB 文件层叠设置，PCB 菜单栏选择"设计—层叠管理器"或者使用快捷键 D ＋ K 同样可以打开，见图 9-5。

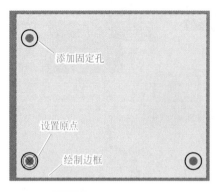

图9-4　新建 PCB 文件

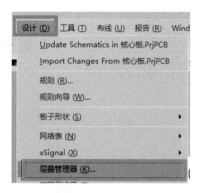

图9-5　打开层叠管理器

❹ PCB 文件添加层设置，PCB 层叠管理器见图 9-6。单击鼠标右键点击"Insert layer above"或"Insert layer below"，创建层"Signal"（正片层）、"Plane"（负片层）。

• 正片层（英文名为 Layer 或者 Signal）就是在整板的绝缘体上走线，走线的地方是铜，不走线的地方是绝缘体，一般用于信号走线。

• 负片层（英文名为 Plane）就是在整板的铜片上走线，走线的地方是绝缘体，不走线的地方是铜，一般用于电源层铺设。

• AD 默认新建的 PCB 是两层板：顶层 Top Layer 和底层 Bottom Layer，而且都是正片层，添加完成后见图 9-7。

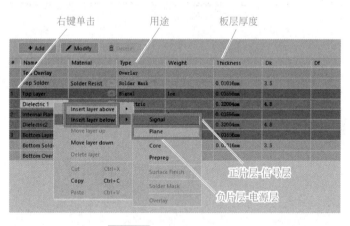

图9-6　层叠管理器添加层

❺ 原理图文件导入 PCB 文件，先点击"执行变更"，后点击"验证变更"，见图 9-8，导入后见图 9-9。

❻ PCB 元器件布局，为了元器件布局与布线方便，设计者可以根据需要，对网络进行隐藏操作，这样可以使视觉上不再凌乱，操作见图 9-10，布局后见图 9-11。

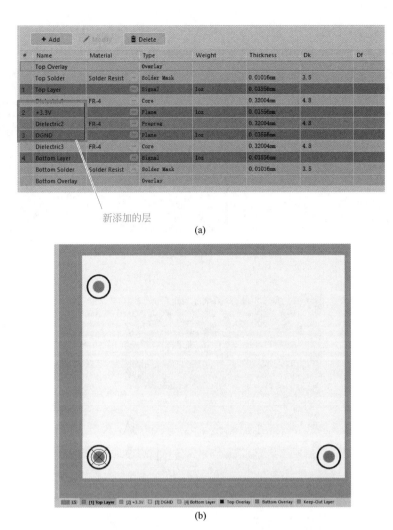

#	Name	Material		Type	Weight	Thickness	Dk	Df
	Top Overlay			Overlay				
	Top Solder	Solder Resist		Solder Mask		0.01016mm	3.5	
1	Top Layer			Signal	1oz	0.03556mm		
	Dielectric1	FR-4		Core		0.32004mm	4.8	
2	+3.3V			Plane	1oz	0.03556mm		
	Dielectric2	FR-4		Prepreg		0.32004mm	4.8	
3	DGND			Plane	1oz	0.03556mm		
	Dielectric3	FR-4		Core		0.32004mm	4.8	
4	Bottom Layer			Signal	1oz	0.03556mm		
	Bottom Solder	Solder Resist		Solder Mask		0.01016mm	3.5	
	Bottom Overlay			Overlay				

新添加的层

(a)

(b)

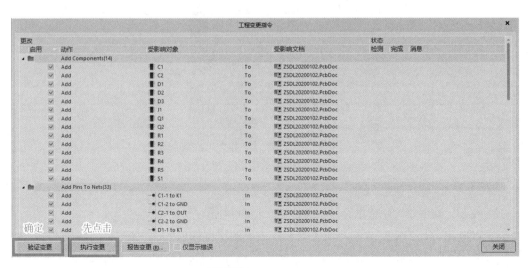

第九章　绘制 PCB 四层板实例

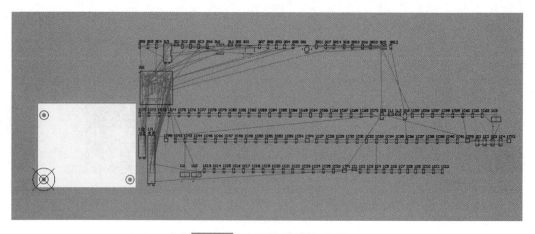

图 9-9　原理图文件导入 PCB

为了方便布线可以隐藏网络

图 9-10　PCB 元器件布局

❼ PCB 元器件布线，将电路进行布线后，见图 9-12。

❽ PCB 电源层内电层分割，使用鼠标点击电源层图标或者使用键盘"*"或"＋"或"-"切换至该层，在菜单栏选择"放置—线条"或者使用快捷图标与快捷键"P＋L"，放置分割线，设计者可以根据实际分割电路定义割线线宽，一般推荐使用 10 ～ 30mil 之间，

见图 9-13。

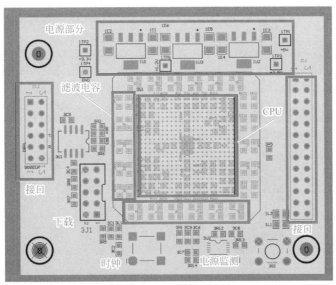

模块化布局

图9-11 PCB 元器件布局完成

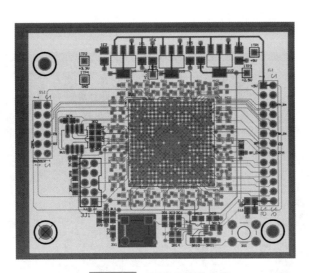

图9-12 PCB 元器件布线

❾ PCB 元器件布线完成，由于是四层，中间层有统一接地点，所以只对时钟部分进行了覆铜，见图 9-14。

❿ PCB 元器件绘制完成，进行 Mark 点的添加，有利于以后进行贴片加工。在菜单栏选择"放置—焊盘"或者使用键盘"P＋P"和快捷栏"焊盘"放置图标，放置焊盘后，双击焊盘进行参数设置，焊盘大小推荐设置在 1～1.5mm，孔改为"0"，名称自行定义，层改为顶层即可。然后再放置一个焊盘，层改为底层，其他设置一样。然后将两个焊盘的坐标改为一致即可。在旁边标注 Mark 字符，Mark 点尽量放置在 PCB 边缘处，一般放置 2～3 个，

让元器件尽量包围在范围之中。焊盘设置见图 9-15，放置完成后效果见图 9-16。

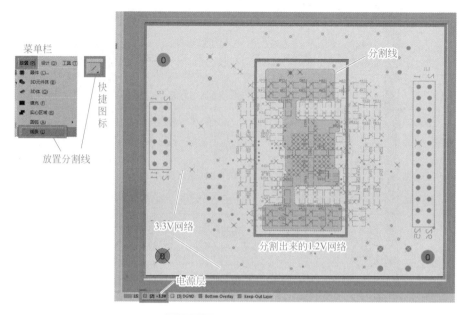

图 9-13　PCB 内电层分割

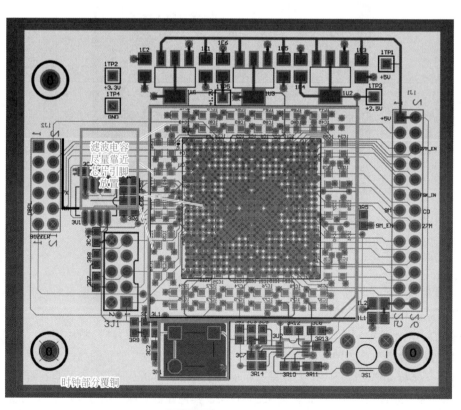

图 9-14　PCB 布线完成

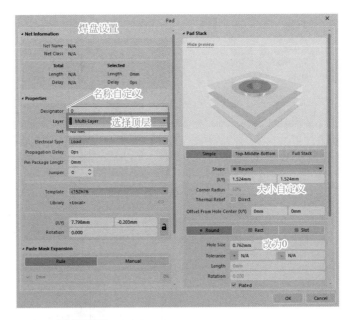

图 9-15 Mark 参数设置

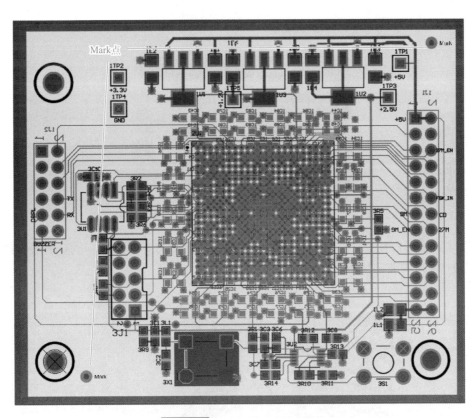

图 9-16 Mark 放置完成后效果

⓫ 电路板版本字符添加，在菜单栏选择"放置—字符串"或者快捷栏"字符串"快捷放置图标，放置字符串后，双击字符串进行参数设置，字符串大小自行定义，见图9-17，放置后效果见图9-18。

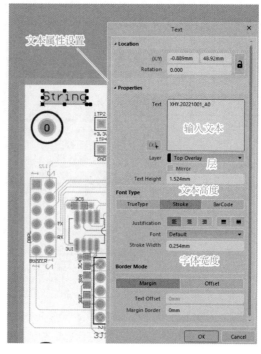

图 9-17　PCB 字符串参数设置

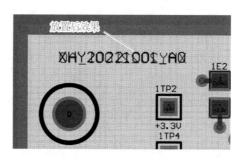

图 9-18　PCB 字符放置后效果

⑫ 电路板报告查看，在菜单栏选择"报告—板信息"打开界面后，选择需要输出的项目，点击"报告"即可输出当前板子报告，见图 9-19。

图 9-19　PCB 板报告输出

9.3 PCB 进行规则检查（DRC 校验）

DRC 主要是看设计是否满足规则要求，主要对板子的开路和短路进行检查，还可以对走线的线宽、过孔的大小、丝印和丝印间距等进行检查。

具体检查操作及错误处理，见第 6 章中描述，这里只做简单描述，见图 9-20，校验结果见图 9-21。

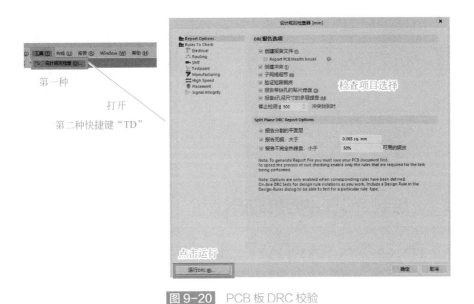

图 9-20 PCB 板 DRC 校验

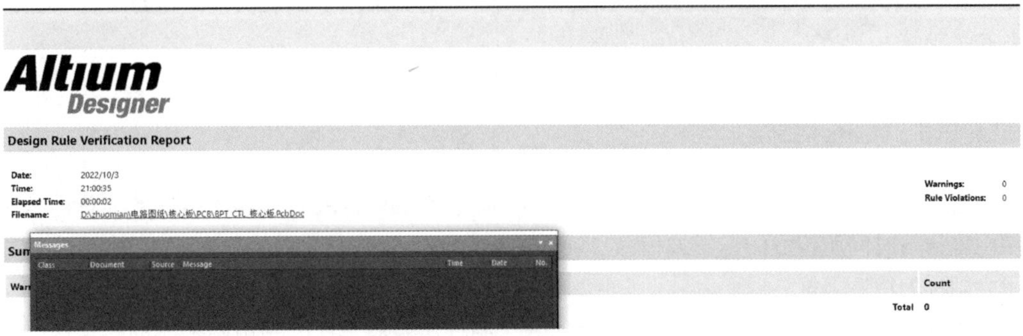

图 9-21 PCB 板 DRC 校验结果

第十章

PCB 绘制技巧

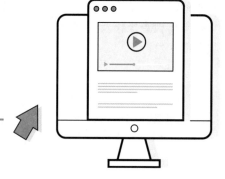

10.1 绘制 PCB 中阻抗的设计

阻抗设计在 PCB 设计中显得越来越重要。作为 PCB 制造前端的制前部，负责阻抗的模拟计算、阻抗条的设计。客户对阻抗控制要求越来越严，而阻抗管控数目也越来越多，如何快速、准确地进行阻抗设计，是设计者非常关注的一个问题。

对流经其中已知频率的交流电流所产生的总阻力称为阻抗（Zo）。对印刷电路板而言，是指在高频信号之下，某一线路层（Signal Layer）对其最接近的相关层（Reference Plane）总和之阻抗。

10.1.1 阻抗类型

❶ 特性阻抗：在计算机、无线通信等电子信息产品中，PCB 线路中传输的能量，是一种由电压与时间所构成的方形波信号（Square Wave Signal）称为脉冲（Pulse），它所遭遇的阻力则称为特性阻抗。

❷ 差动阻抗：驱动端输入极性相反的两个同样信号波形，分别由两根差动线传送，将接收端这两个差动信号相减，差动阻抗就是两线之间的阻抗（Zdiff）。

❸ 奇模阻抗：两线中一线对地的阻抗（Zoo），两线阻抗值是一致的。

❹ 偶模阻抗：驱动端输入极性相同的两个同样信号波形，将两线连在一起时的阻抗（Zcom）。

❺ 共模阻抗：两线中一线对地的阻抗（Zoe），两线阻抗值是一致的，通常比奇模阻抗大。

其中特性和差动为常见阻抗，共模与奇模等很少见。

10.1.2　影响阻抗的因素

W：线宽／线间，线宽增加阻抗变小，距离增大阻抗增大。

H：绝缘厚度，厚度增加阻抗增大。

T：铜厚，铜厚增加阻抗变小。

H1：绿油厚，厚度增加阻抗变小。

Er：介电常数，参考层 DK 值增大，阻抗减小。

Undercut：W1-W，Undercut 增加，阻抗变大。

10.1.3　阻抗计算软件介绍（Si9000 Field Solver）

现在最常用的阻抗计算工具是 Polar 公司提供的 Si9000 Field Solver，它是全新的边界元素法场效解计算器软件，建立在我们熟悉的早期 Polar 阻抗设计系统易于使用的用户界面之上。此软件包含各种阻抗模块，人员通过选择特定模块，输入线宽、线距、介层厚度、铜厚、*Er* 值等相关数据，可以算出阻抗结果。

10.2　如何在 PCB 中绘制蛇形走线

PCB 上的任何一条走线在通过高频信号的情况下都会对该信号造成延时，蛇形走线的主要作用是补偿"同一组相关"信号线中延时较小的部分，这些部分通常是没有通过另外的逻辑处理，或较少通过另外逻辑处理。最典型的就是时钟线，它通常不需经过任何其他逻辑处理，因而其延时会小于其他相关信号。同时设计者必须要知道，蛇形线会破坏信号质量，改变传输延时，布线时要尽量避免使用。但在实际设计中，为了保证信号有足够的保持时间，或者减小同组信号之间的时间偏移，往往不得不故意进行绕线。

蛇形线对信号传输的影响，最关键的两个参数就是平行耦合长度（*Lp*）和耦合距离（*S*），信号在蛇形走线上传输时，相互平行的线段之间会发生耦合，呈差模形式，*S* 越小，*Lp* 越大，则耦合程度也越大，可能会导致传输延时减小，并会由于串扰而大大降低信号的质量。在高速 PCB 设计中，蛇形线没有所谓滤波或抗干扰的能力，只可能降低信号质量，所以只作时序匹配之用，而无其他目的。

采用蛇行线的确有助于提高高频电路板的稳定性，有助于消除长直线在电流通过时产生的电感现象，减轻线与线之间的串扰问题，这一点在高频率时表现得尤为明显。当然设计者也能够通过减小布线的密度达到相同的效果。

10.2.1　蛇形线绘制前设置

PCB 布线完成后，在菜单栏选择"工具—网络等长"进行走蛇形线长度设置，如图 10-1 所示。

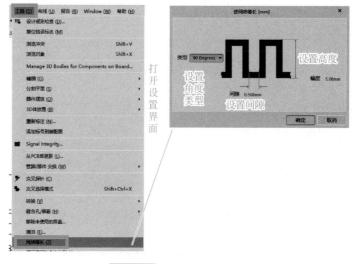

图 10-1 蛇形线绘制前设置

10.2.2 蛇形线调整绘制

布线完成后进行蛇形线调整，PCB 电路板在经过基本的布线连通网络后，由于设计需求还要进行多次的调整。当一对等长线对应信号的布线完成后要进行长度调整，这个时候我们通过蛇形线来进行长度调节。

在菜单栏选择"布线—网络等长调节"或者使用快捷键 U ＋ R，同时还可以使用 Shift ＋ G 随时查看网络长度，如图 10-2、图 10-3 所示。

图 10-2 蛇形线绘制

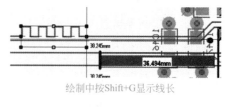

绘制中按 Shift+G 显示线长

图 10-3 蛇形线绘制过程

❶ 在绘制过程中也可以按动 Shift 键，打开蛇形线设置界面，随时调节线宽与高度。见图 10-4、图 10-5 所示。

❷ 在绘制过程中也可以按动空格键，可以随时切换线的类型。

❸ 在绘制过程中也可以按动数字 1—2—3—4 键，可以随时对线进行调整，其中

"1""2"可以改变蛇形线的拐角与弧度，"3""4"可以改变蛇形线的宽度。

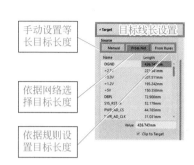

图 10-4 蛇形线绘制过程中设置（1）

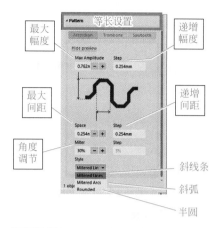

图 10-5 蛇形线绘制过程中设置（2）

绘制完成的蛇形线见图 10-6。

蛇形走线注意事项：

❶ 尽量增加平行线段的距离（S），至少大于 $3H$，H 指信号走线到参考平面的距离。通俗地说就是绕大弯走线，只要 S 足够大，就几乎能完全避免相互的耦合效应。

❷ 减小耦合长度 Lp，当 2 倍的 Lp 延时接近或超过信号上升时间时，产生的串扰将达到饱和。

❸ 高速以及对时序要求较为严格的信号线，尽量不要走蛇形线，尤其不能在小范围内蜿蜒走线。

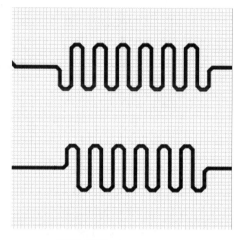

图 10-6 绘制好的蛇形线

❹ 可以经常采用任意角度的蛇形走线，能有效地减少相互间的耦合。

❺ 高速 PCB 设计中，蛇形线没有所谓的滤波或抗干扰能力，只可能降低信号质量，所以只作时序匹配之用，而无其他目的。

❻ 有时可以考虑螺旋走线的方式进行绕线，仿真表明，其效果要优于正常的蛇形走线。

10.3 PCB 中 3W 原则、20H 原则及五五原则

(1) 3W 原则

顾名思义就是 3 倍线宽，实际上是线与线之间保持 3 倍线宽，具体见图 10-7，但在实际应用上，受板框、器件以及安规等其他方面影响，并不是板上所有布线都要强制符合 3W 原则，但对于一些易受干扰的和强干扰的信号线（类似于电磁干扰的三要素：骚扰源，耦合

通道以及敏感设备）必须需要减少它们之间走线的串扰。

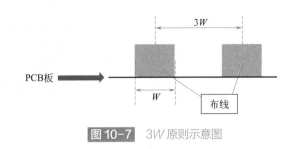

图 10-7　3W 原则示意图

实际上，在 3W 原则中，当走线中心间距不少于 3 倍线宽时，则可保持 70% 的电场不相互干扰，如果要达到 98% 的电场不相互干扰，可使用 10W 的间距。

（2）20H 原则

20H 原则是指电源层相对地层内缩 20H 的距离，当然也是为了抑制边缘辐射效应。在板的边缘会向外辐射电磁干扰，将电源层内缩，使得电场只在接地层的范围内传导，有效地提高了 EMC。若内缩 20H，则可以将 70% 的电场限制在接地边沿内；内缩 100H 则，可以将 98% 的电场限制在内。

20H 原则的采用是指要确保电源平面的边缘要比 0V 平面边缘至少缩入两个平面间层距的 20 倍，具体见图 10-8。

这个规则经常被要求用来作为降低来自 0V/ 电源平面结构的侧边射击发射技术（抑制边缘辐射效应），但是，20H 规则仅在某些特定的条件下才会提供明显的效果。

这些特定条件包括有：

❶ 在电源总线中电流波动的上升 / 下降时间要小于 1ns。

❷ 电源平面要处在 PCB 的内部层面上，并且与它相邻的上下两个层面都为 0V 平面。这两个 0V 平面向外延伸的距离至少要相当于它们各自与电源平面间层距的 20 倍。

❸ 在所关心的任何频率上，电源总线结构不会产生谐振。

❹ PCB 的总导数至少为 8 层或更多。

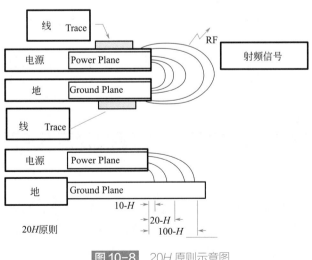

图 10-8　20H 原则示意图

(3) 五五原则

印制板层数选择规则，时钟频率到 5MHz 或脉冲上升时间小于 5ns 时，则 PCB 板须采用多层板，这是一般的规则，有的时候出于成本等因素的考虑，采用双层板结构，这种情况下，最好将印制板的一面作为一个完整的地平面层。

10.4　PCB 扇孔操作

PCB 设计中，过孔的扇出非常重要，扇孔的方式会影响到信号完整性、平面完整性以及布线的流畅度，甚至会影响整个项目的进度。

过孔扇出的作用一般有两种，第一种是缩短电流回去路径，第二种就是预先占位，为以后走线创造条件。下面介绍一下，如何正确地过孔扇出。

(1) 过孔扇出正确方式

正确的方法应该是交替排列方式，这样可以在内层两孔之间走线，平面层也不会被割裂，保证了信号的完整性，见图 10-9。

(2) 过孔扇出错误方式

错误的方法应该是顺序排列方式，这样会导致内电层信号走线难度增大，参考平面（比如电源层平面、地层平面）被割裂，破坏平面层完整性，见图 10-10。

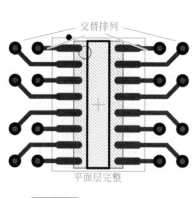

图 10-9　正确扇孔操作示意图

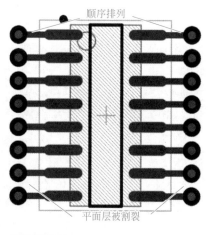

图 10-10　错误扇孔操作示意图

(3) BGA 扇孔操作

对于焊盘密度比较高的 BGA 扇孔（FPGA、DDR、高速 ADC 等），初学的设计者为了走线方便，不能正确地放置 BGA 里的过孔，有时甚至直接将过孔打到焊盘上，这类做法会造成 PCB 生产和焊接时出现问题。

❶ BGA 错误的扇孔方式，见图 10-11。

❷ BGA 正确的扇孔方式，如图 10-12 所示。

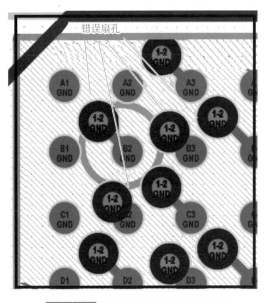

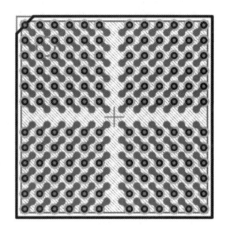

图 10-11 BGA 错误扇孔操作示意图　　　　**图 10-12** BGA 正确扇孔操作示意图

❸ BGA 快捷扇孔方法：BGA 推荐扇孔是在两个相邻 BGA 焊盘的中间位置。设计者初学时设计 BGA 器件，将过孔一个个复制到需要打孔的 BGA 焊盘处，可以说是非常不方便。其实 Altium Designer 软件自带了一个非常好用的 BGA 过孔扇出功能，设置后，扇出功能只需要几秒。下面就介绍一下快速进行 BGA 芯片过孔扇出。

a. 在 PCB 菜单栏选择"设计 - 规则"打开间距规则设置，设置间距为 5mil，见图 10-13。

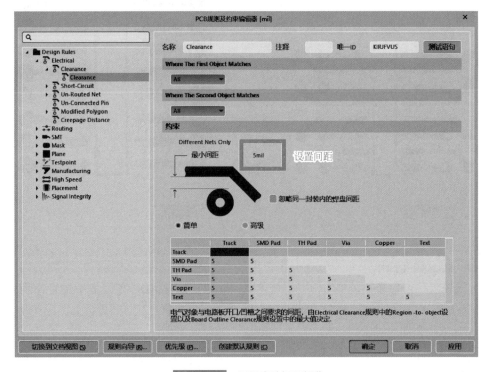

图 10-13 设置扇孔间距操作

b. 线宽规则设置（Width）：扇孔的焊盘引线多宽，这里就设成多少，一般设置成 10mil 或者 15mil，见图 10-14。

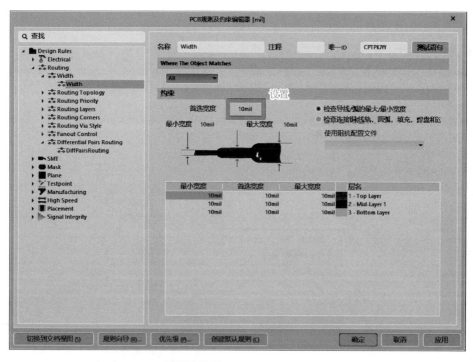

图 10-14 设置扇孔线宽操作

c. 过孔大小规则设置：根据不同器件的焊盘大小、焊盘之间的间距以及工厂的加工能力，设置的过孔外内径有 16 ～ 8mil、20 ～ 10mil 以及 30 ～ 15mil 三种选择，见图 10-15。

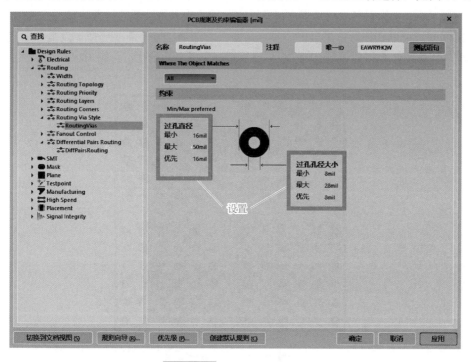

图 10-15 设置扇孔过孔操作

BGA 扇孔的规则已经设置完毕，就可以进行扇孔操作了。在菜单栏选择"布线—扇出—器件"，见图 10-16。执行"扇出—器件"后，窗口会弹出选择"扇出选项"的对话框，见图 10-17。

图 10-16　扇孔操作（1）　　　　图 10-17　扇孔操作（2）

勾选 1 表示对该 BGA 芯片的所有焊盘都扇孔；不勾选 1 表示只对定义了信号网络的焊盘进行扇孔。勾选 2 表示对该 BGA 芯片的外围两圈焊盘也进行扇孔；不勾选 2 表示不对外围两圈焊盘扇孔，只对其余内部焊盘扇孔，这是由于最外围两圈的焊盘就算不打孔，也是有布线空间的，可以在顶层直接引出信号。其余三个选项一般不需要选择。点击"确定"后，鼠标变为十字星，单击需要扇孔的 BGA 芯片即可完成自动扇孔，见图 10-18。

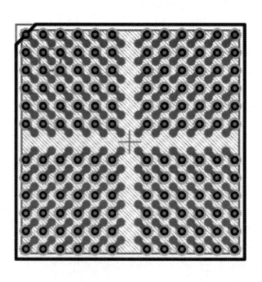

图 10-18　扇孔操作完成

10.5 PCB 滴泪操作

在 PCB 制作的时候，滴泪的作用是使焊盘更结实、接触面积更大、增加导通的可靠性，在焊接时候可以保护焊盘，避免多次焊接时焊盘的脱落，生产时可以避免蚀刻不均，过孔偏位出现的裂缝等。具体可以分为以下几项：

❶ 物理作用，避免电路板受到外力的冲击时，导线与焊盘或者导线与导孔的接触点断开，也可使 PCB 电路板显得更加美观。

❷ 焊接作用，可以保护焊盘，避免多次焊接时焊盘的脱落，生产时可以避免蚀刻不均，以及过孔偏位出现的裂缝等。

❸ 电气作用，信号传输时平滑阻抗，减少阻抗的急剧跳变，避免高频信号传输时由于线宽突然变化而造成反射，可使走线与元件焊盘之间的连接趋于平稳化。

在菜单栏选择"工具—滴泪"或使用快捷键 T ＋ E，进入滴泪属性设置对话框，选择执行操作对象。添加过程及方法如图 10-19 ～图 10-21 所示。

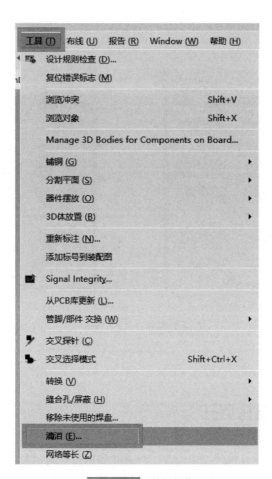

图 10-19　滴泪操作

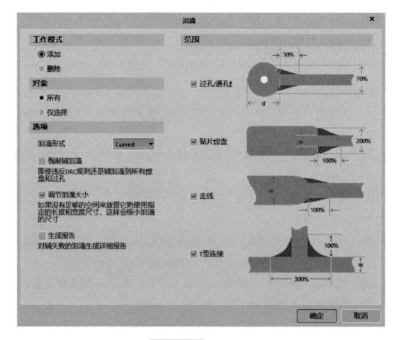

图 10-20 滴泪设置

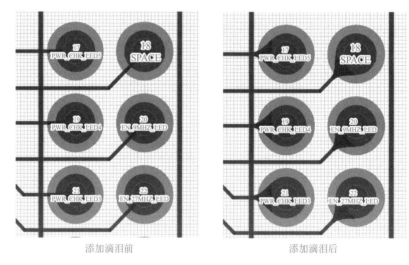

添加滴泪前　　　　　　　　　　　　添加滴泪后

图 10-21 添加滴泪后效果

10.6 如何设置沉孔

层压板中的沉孔为螺钉头预留了空间。埋头孔和扩孔是两种类型的沉孔，允许使用不同类型的螺钉。新版本引入了选择扩孔或埋头孔的功能。扩孔和埋头孔螺钉的主要区别在于孔的大小和形状。同样，在 Draftsman 中也对沉孔视图做出相应的支持，见图 10-22。

❶ 在菜单栏选择"放置—焊盘"或者使用快捷键 P＋P 添加焊盘，选中焊盘，在软件右下角点击"Panels"目录，选择"Properties"，进入沉孔设置界面，见图 10-23。

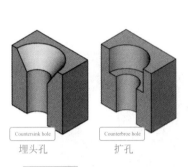

埋头孔　　　　扩孔

图 10-22　埋头孔与扩孔样式

图 10-23　进入沉孔设置属性栏

❷ 在"Properties"设置界面中找到"Pad Features"选项，按照图 10-24 中进行设置，设置完成后效果见图 10-25。

注意：沉孔只对焊盘设置有效，过孔不能进行设置。

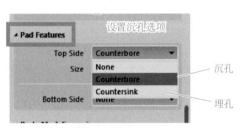

(a) 进入沉孔设置

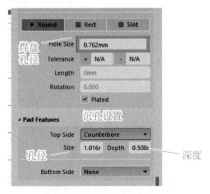

(b) 进入沉孔孔径设置

图 10-24　沉孔设置

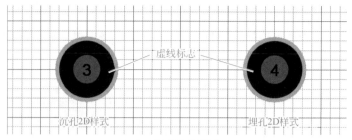

(a) 沉孔2D样式

(b) 沉孔3D样式

图 10-25　沉孔样式

10.7 　如何放置缝合孔与屏蔽孔

❶ 在菜单栏选择"工具—缝合孔／屏蔽—给网络添加缝合孔",打开设置项。设置需要放置缝合孔的区域、连接网络、排列方式等,未选定区域是系统按照整板添加的,具体见图 10-26 ～图 10-28。

图 10-26　打开添加缝合孔设置项

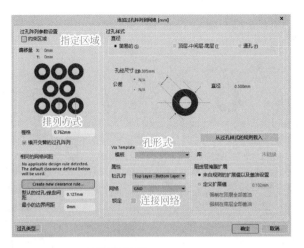

图 10-27 缝合孔设置项

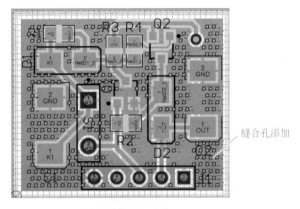

缝合孔添加

图 10-28 缝合孔添加完成

❷ 在菜单栏选择"工具—缝合孔 / 屏蔽—添加网络屏蔽"打开设置项，设置需要放置屏蔽孔的连接网络、排列方式等，具体见图 10-29 ～图 10-31。

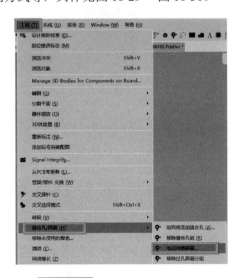

图 10-29 打开添加屏蔽孔设置项

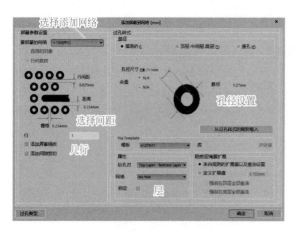

图 10-30 添加屏蔽孔设置

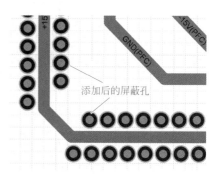

图 10-31 添加屏蔽孔后效果

10.8 如何设置多边形铺铜挖空

在菜单栏选择"放置—多边形铺铜挖空",打开设置项。设置需要挖空的区域,然后操作鼠标进行操作,具体见图 10-32、图 10-33。

图 10-32 打开多边形铺铜挖空

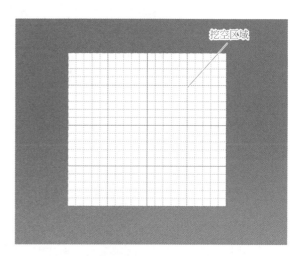

图 10-33 多边形挖空效果

第十一章

Altium Designer22 设计 SPICE 仿真

11.1 在 Altium Designer22 中使用 Simulation UI 仿真

Altium Designer 电路模拟器用于基于 SPICE 技术的电路工程分析和验证。该技术中电路的每个元件都以数学模型的形式表示，其中元件的数学模型集及其相关性形成电路模型。电路模拟器包含用于电路数学计算的工具，使其能够以高可靠性执行许多计算实验。

电路仿真功能涵盖模拟和离散电气域，允许计算混合信号电路。由于这个特性，Altium Designer22 中的电路模拟器被命名为 Mixed-signal Circuit Simulator 或 Mixed Sim。

11.2 Simulation 模拟器功能总结

(1) 混合 Sim 算法

❶ 工作点分析；

❷ 传递函数分析；

❸ 零极点分析；

❹ 直流扫描；

❺ 瞬态分析；

❻ 傅立叶分析；

❼ 交流分析；

❽ 噪声分析；

❾ 温度扫描；

❿ 参数扫描；

⑪ 蒙特卡洛；

⑫ 敏感性分析。

(2) 主要的混合模拟功能

❶ 模拟单个电路板或整个项目的电路；

❷ 验证原理图；

❸ 准备原理图进行计算；

❹ 选择模式并设置计算参数；

❺ 查看和分析计算结果；

❻ 网表生成。

(3) Mixed Sim 的主要分析功能

❶ 在一张或多张图纸中显示信号图；

❷ 在单个图形上显示多个绘图；

❸ 为绘图添加多个轴，并可以分割图表；

❹ 使用限制图形显示区域的选项格式化绘图；

❺ 使用光标和特殊的 SimData 分析面板探索信号图；

❻ 在计算结果中形成自定义信号图以用于分析；

❼ 通过数学函数处理初始信号以获得导数图 - 表达式；

❽ 快速搜索图表中的特殊点；

❾ 将信号图导出到外部文件。

11.3 Altium Mixed-Sim 模拟器用户界面

11.3.1 模拟仪表板面板

Altium Designer22 中的主要用户工具是 Simulation Dashboard。Simulation Dashboard 面板包含几个按功能用途分组的区域如图 11-1 所示。

11.3.2 控制模拟器的范围

Affect 设置允许在制作原理图的电路列表时，定义模拟器的路径选择需要模拟的电路。

设置有两个值：

❶ 文档—电路模拟器为当前打开的原理图制作一个电路列表。

❷ 项目—电路模拟器为当前项目的所有工作表制作电路列表。

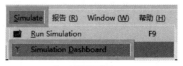

打开设置面板

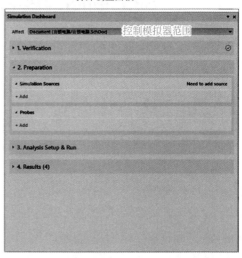

图 **11-1** 模拟仪表板面板

Affect 设置允许在调试本地问题时，在模式之间快速切换，将问题隔离到特定工作表。此设置可以有效地与编译掩码和从 Simulation Dashboard 添加源的功能结合使用。

11.3.3 模拟器项目验证

目的是验证区域，检查元素符号的当前模型分配以及检查电气连接规则见图 11-2。

在验证项目时，可以在验证区域中看到两种指示：橙色指示表示电路不符合模拟器的要求，绿色指示表示电路和模拟器之间没有交互问题。见图 11-3、图 11-4。

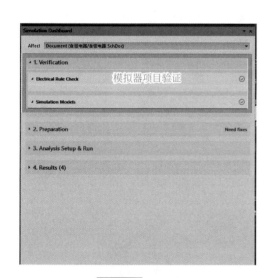

图 11-2 验证区域

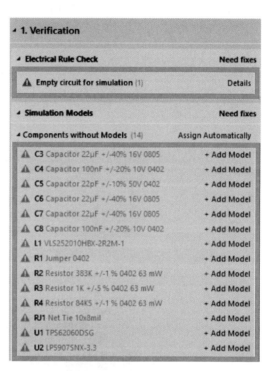

图 11-3 以上元件验证未通过

图 11-4 验证通过

验证分两个方面：电气规则检查和模型检查。

电气连接有问题时，查看电路进行解决。没有模型的组件文本问题时，可以根据元器件手册进行添加、保存。

11.3.4 添加各类信号源与探针

单击"Add"按钮，进行添加，见图 11-5、图 11-6。

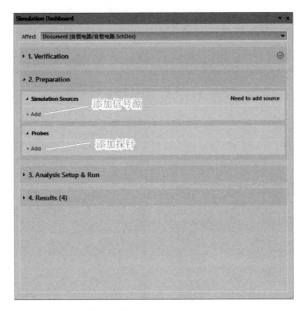

图 11-5 添加信号源与探针

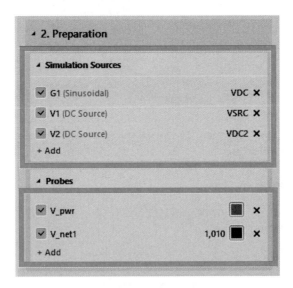

图 11-6 添加后效果

❶ 信号源区域：用于显示和管理位于电路中的所有信号源。允许添加或删除源，还可以激活 / 停用它们。未激活的源不参与计算，并在原理图上以淡色显示。

❷ Probes 区域：用于显示和管理位于原理图上的所有信号探头。允许添加或删除探针，

激活 / 停用它们，或更改分配给每个探针的颜色。未激活的探头不参与计算，并在原理图上以淡色显示。

11.3.5 在源管理界面中设置源信号

信号源具有与通常的组件模式不同的特殊属性面板模式，见图 11-7，包含以下几种类型的信号源：

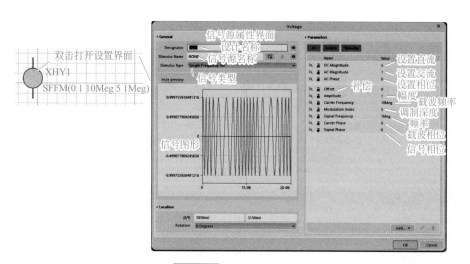

图 11-7 信号源属性界面

❶ DC 直流源：是一个不依赖于时间的恒定信号源。

❷ 指数信号源：具有指数形式的时间依赖性。

❸ 分段线性信号源：是分段线性函数形式的时间相关信号源。

❹ 脉冲信号源：是具有矩形脉冲形式的时间依赖性的信号源。

❺ FM 信号源：是一种信号源，它具有单频调制函数形式的时间依赖性。

❻ 正弦波信号源：是具有正弦函数形式的时间依赖性的信号源。

❼ 文件信号源：是基于 CSV 文件的 PWL 源。

在属性栏预览区域，会显示信号图形，在参数区可以进行参数设置。

11.3.6 在探针管理界面中设置探针

探针属性界面如图 11-8 所示，系统包含以下类型的探针：

❶ 电压探针：电压探针以电路的基本节点（通常是 GND 结点）为参考，探头必须放置在电气连接线上或电气热点组件输出上。

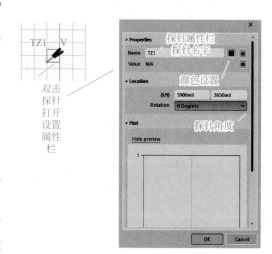

图 11-8 探针属性界面

❷ 电流探针（Current）：电流探头显示流入组件输出的电流。正电流值表示电流流入组件输出，而负电流值表示电流流出组件输出。电流探头必须放置在组件输出的电气热点上。

❸ 功率探针：功率探头显示组件输出的瞬时功率值。正功率值表示组件输出作为功耗器工作，而负功率值表示输出作为电源工作。功率探头必须放置在组件输出的电气热点上。

❹ 电压差探针：在原理图表上（在电气连接线或输出热点上），必须按顺序放置一对探针，第一个将有一个"加号"字符，第二个将有一个"减号"（例如：VD＋和VD-），电压相对于带有"减号"字符的探头进行计数。

设计者可以将不同的颜色分配给不同探针，方便管理。

11.3.7　模拟器设置和运行参数（Setup & Run Parameters）

运行参数区域用于选择计算类型、确定其执行参数、开始计算以及定义任何附加的模拟或全局计算参数，见图 11-9。

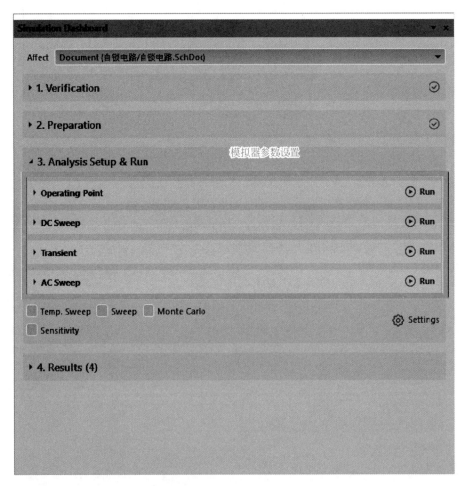

图 11-9　分析设置和运行区域

计算类型：

❶ Operating Point：用于计算电路工作点。

❷ DC Sweep：用于计算 DC 模式。

❸ Transient：用于计算瞬态过程。

❹ AC Sweep：用于计算 AC 模式。

设置和运行中定义的数值字段可以以三种参数格式输入：正常、工程、科学。

11.3.8 计算工作点（Operating Point）

工作点用于调节和控制计算无穷大点电路的稳态（稳定）状态，以及计算直流模式下的传递系数和计算传递特性的极点和零点。交流电流下，当电路的所有信号的一阶导数在时间上等于零时，实现了稳态模式。

（1）设置栏包含三个选项，见图 11-10 所示。

❶ Voltage 按钮负责显示相对于基结点（通常是 GND 结点）的结点电压。

❷ Power 按钮负责显示瞬时功耗（正值）或发射（负值）。

❸ Current 按钮负责显示组件输出电流。

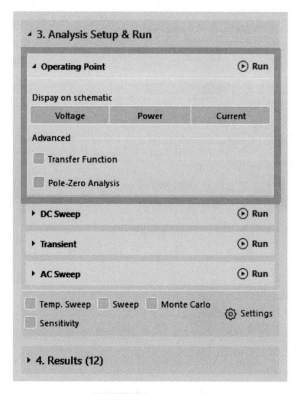

图 11-10　工作点设置

（2）勾选传递函数复选框时，图 11-11 中下拉列表可用。

❶ Source Name 用于电压源选择。

❷ 参考结点用于选择电路的参考结点。

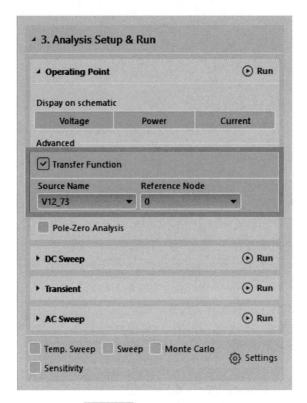

图 11-11 传递函数计算参数

（3）勾选零点分析复选框后，图 11-12 中下拉菜单变为可用。

❶ 输入结点用于指定输入信号结点。

❷ 输入参考结点用于指定输出信号的参考结点。

❸ 输出结点用于指定输出信号结点。

❹ 输出参考结点用于指定输出信号的参考结点。

❺ 分析类型用于指定要计算的极点 / 零点。

❻ 传递函数类型用于指定计算的传递函数的类型。

（4）验证：通过点击"RUN"和"STOP"进行运算和停止运算。

11.3.9 DC 模式的计算（DC Sweep）

DC Sweep 用于设置和管理电路的 DC 模式下的 DC 计算。直流模式可以通过一个或两个电路信号源的变化来计算，见图 11-13。

（1）DC Sweep 功能

❶ 定义源参数区域，可以在其中定义直流源和范围。

❷ 表达式定义区域，在该区域中，需要定义以图形方式显示在计算结果中的表达式，类似于探针。

（2）验证

通过点击"RUN"和"STOP"进行运算和停止运算。

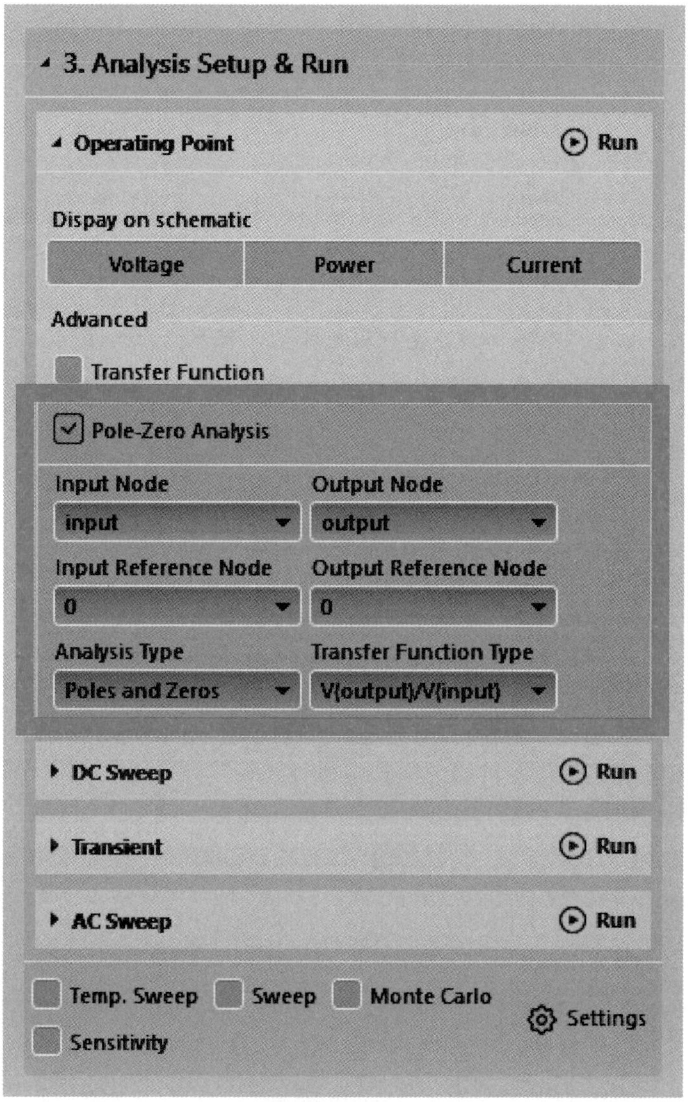

図 **11-12** 零点计算参数

11.3.10 瞬态过程的计算（Transient）

瞬态用于管理电路瞬态分析过程的计算，以及计算谐波扩展的幅度。它被配置为在电路模型的指定时间范围内进行计算。计算在整个指定时间范围内执行，但暂态数据不能从模型时间开始保存，见图 11-14。

❶ 瞬态部分包含以下元素：用于定义计算参数的区域。在此区域中，可以定义时间变化的范围和最大步长。共有三个时间字段。

a. From 是计算结果的初始时间。

b. To 是计算的最终时间（持续时间）。

c. Step 是计算算法的最大时间步长（实时步长由算法自动选择，但不能超过 Step 字段中的值）。

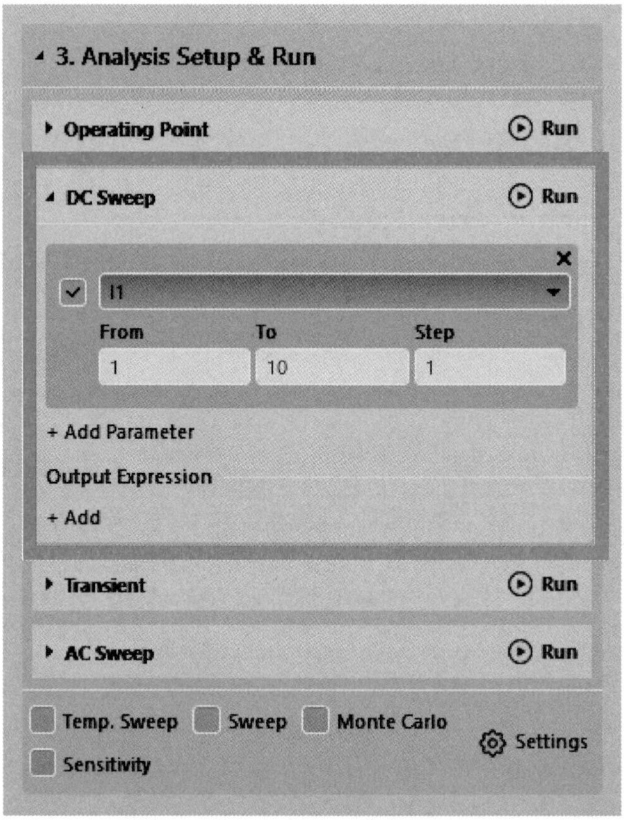

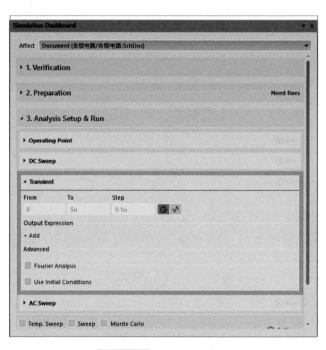

图 11-13　DC 模式的计算

图 11-14　瞬态过程的计算

❷ 相关的使用初始条件复选框授予包含组件初始条件的权限。定义表达式的区域，使用它来定义将以图形方式显示在计算结果中的输出表达式，类似于探针。

❸ 高级：该区域定义傅立叶变换幅度计算的参数，并包含傅立叶分析复选框和两个字段，基频和谐波数，过渡过程计算参数的时限值。

a. From 字段可以取任何实数（正数）的值。

b. To 字段可以是任何大于 From 字段中的值的正数。

c. Step 字段必须是任何正实数。

d. Fundamental Frequency 字段可以是任何正数，必须至少为 1/To（To 字段的倒数）。Number of Harmonics 字段可以是自然数。

❹ 验证：通过点击"RUN"和"STOP"进行运算和停止运算。

11.3.11　设置傅立叶运算参数

为了更改计算设置，需要更改 From、To 和 Step 字段的值。

验证：通过点击"RUN"和"STOP"进行运算和停止运算，见图 11-15。

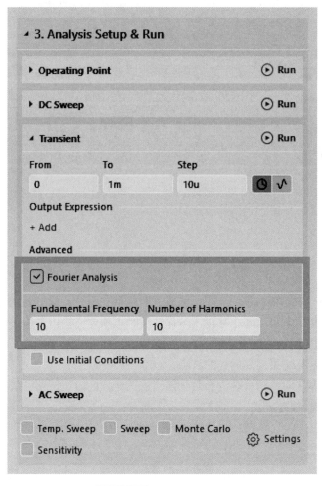

图 11-15　傅立叶分析设置

11.3.12　设置交流扫描参数

AC Sweep 用于计算电路的幅相频率特性，也用于计算电路的内部噪声。模拟器首先计算直流模式下的工作点，以确定电路中所有非线性器件的线性化小信号模型。在指定的频率范围内计算得到的线性原理图，见图 11-16。

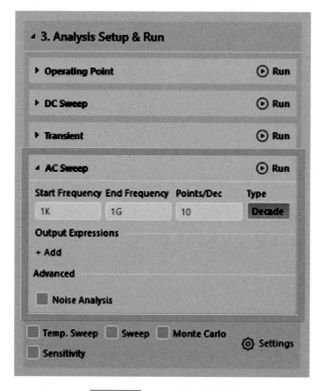

图 11-16　交流扫描参数设置

11.3.13　定义用户表达式（输出表达式）

输出表达式用于表示信号值的一个函数或几个函数的组合。输出表达式定义区域用于保存计算设置中的表达式，可以防止在再次运行计算时重新定义输出表达式。

❶ 输出表达式区域包含以下元素：

a. 复选框表示计算结果中表达式的显示。

b. 文本字段是基于电路信号名称和数学函数的表达式的函数。

c. ✕图标用于删除表达式。

❷ 使用输出表达式时的函数，可以使用表达式执行以下操作：

a. 创建一个表达式。

b. 编辑表达式。

c. 激活 / 停用表达式。

d. 删除一个表达式。

❸ 点击"Add"按钮来创建表达式，有两种编辑表达式的方法：

a. 在表达式字段中，通过使用信号名称、运算符和函数来创建表达式，输入表达式的文本或者使用添加输出表达式对话框，单击表达式右侧的省略号图标，在"添加输出表达"对话框中，收集表达场中的功能和波形区域信号的组成。

b. 使用创建按钮确认表达式的文本。

在模拟仪表板中，使用与输出表达式关联的复选框（左侧）激活 / 停用表达式。

点击 ✖ 表情区右上角的图标，删除，见图 11-17、图 11-18。

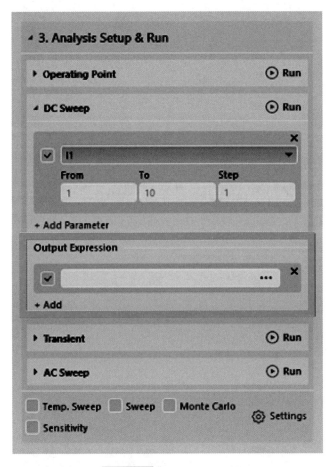

图 11-17 输出表达式区域

11.3.14 计算和设置的修改器

每种类型的计算都可以通过特殊的修改器进行修改，如电路温度变化修改器、参数变化修改器，电路元件参数可随机变化（蒙特卡罗），或者可以对计算结果进行敏感性分析。修饰符独立使用，互不重叠。选择设置在高级分析的对话框中定义修饰符参数，见图 11-19。

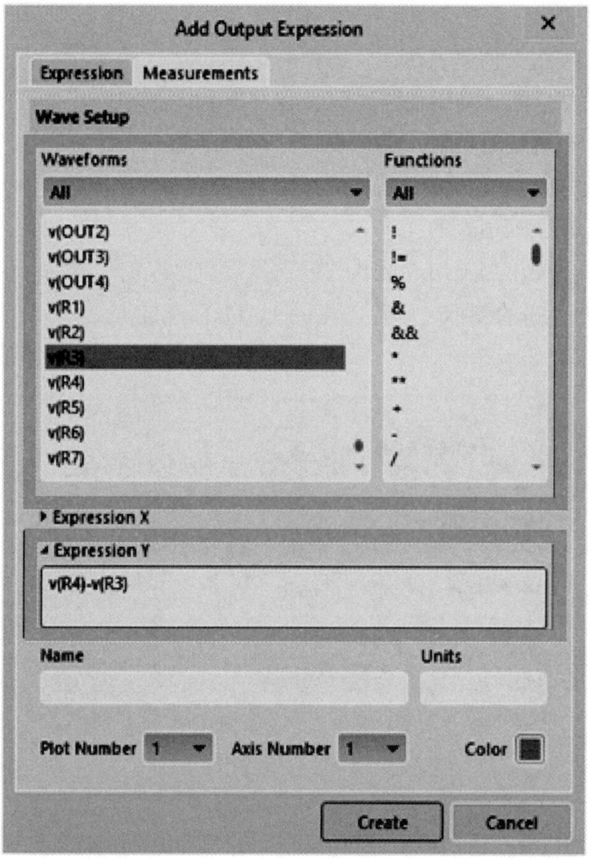

图 11-18 创建输出表达式

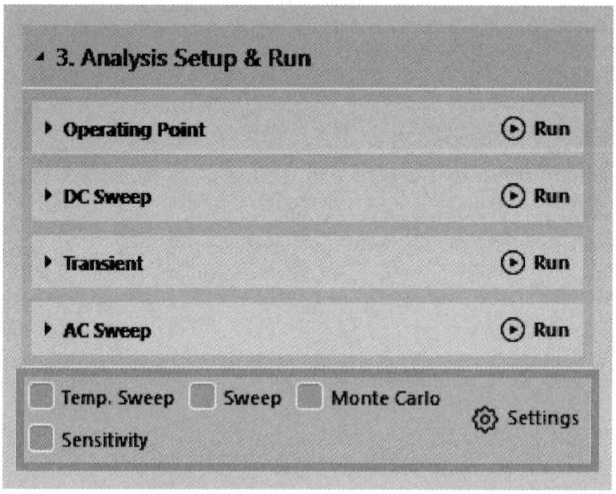

图 11-19 计算和设置的修饰符

11.3.15 电路温度的修正

当更改温度模拟器启动参数时，温度修正用于计算。温度参数值会影响半导体元件模型的行为，包括半导体电阻和电容器模型（平面膜电阻模型和电容器），见图 11-20。

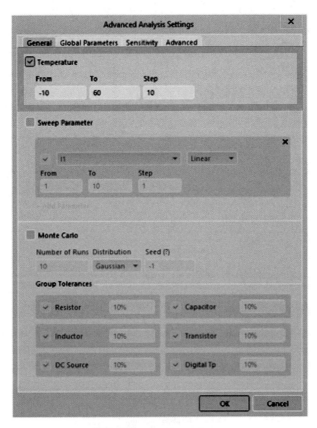

图 11-20　温度的修正参数

11.3.16　电路元件参数的修正（扫描）

当更改电路的元素参数或全局参数时，修正用于计算。作为组件的变量参数，使用了典型的基本参数，例如电压源的电压，电阻的电阻值，电容器的电容值等，见图 11-21。

11.3.17　电路元件参数随机变化的修正器（蒙特卡罗方法）

修改器用于根据预定义的随机值分布规律，改变电路元件的许多参数的计算。该修改器可用于电路输出函数在大规模生产中的分散，见图 11-22。

11.3.18　全局参数选项卡

全局参数用于定义电路元件特性的参数依赖性。通常，如果元素模型允许使用参数依赖性，则全局参数将用于选择最终实现之前的元素特征。全局参数是"高级分析设置"对话框的"全局参数"选项卡中定义的参数，见图 11-23。

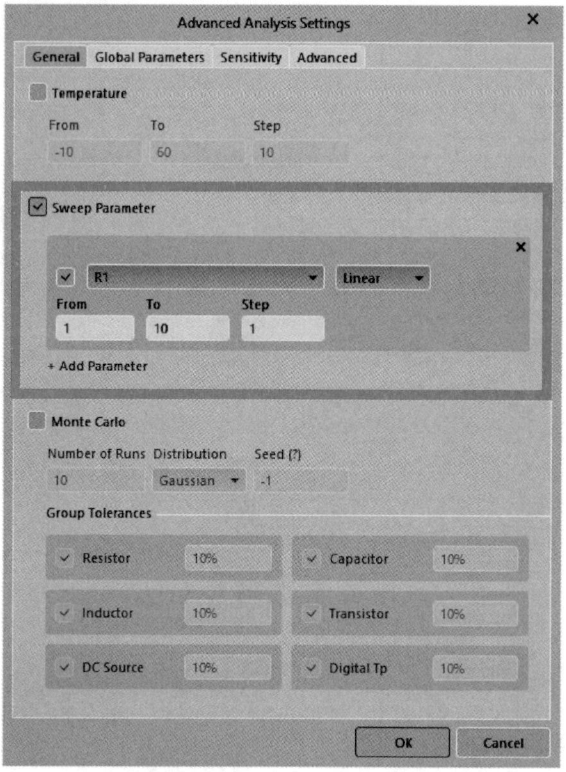

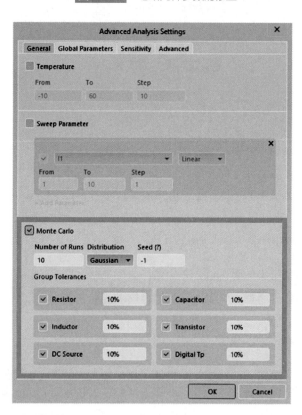

图 11-21　电路元件参数的修正

图 11-22　确定元素参数的随机修正器变化的参数区域

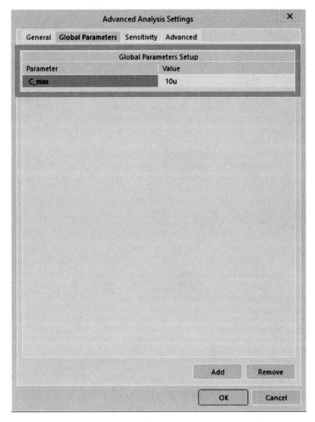

图 11-23　全局参数

11.3.19　积分方法

积分方法设置，见图 11-24。

11.3.20　参考网络名称

SPICE 参考网名是电路的结点，与所有电压计数相关。SPICE 基本结点传统上被命名为 "0"。在 Altium Designer 中，可以将任何方便的结点指定为 Spice Base 结点。Altium Designer 中的 SPICE 基本结点被命名为 "GND" 作为默认值，见图 11-25。

11.3.21　结果区域

结果区域用于累积和查看计算结果，并加载或删除配置的计算配置文件。计算配置文件是用于运行模拟器的设置的组合——计算类型，全局参数和表达式的设置，这些最终定义了计算结果。

进行分析后，计算结果显示在结果区域中。它以水平线与其他结果分离，累积计算结果的数量显示在结果标题右侧的括号中，见图 11-26。

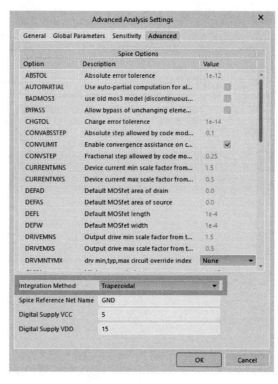

CHAPTER 1

图 11-24 积分方法设置

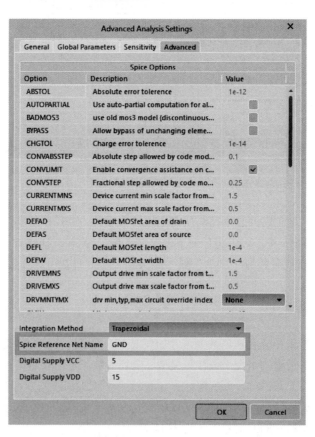

图 11-25 SPICE 参考网络名称

图 11-26　结果区域

以下元素可用于每个计算结果：

❶ 锁定指示器。

❷ 计算（分析）名称。

❸ 计算日期和时间。

❹ 命令菜单。

11.3.22　打开模拟菜单

Altium Designer Simulate 菜单在原理图编辑器处于活动状态并且安装了电路仿真器系统扩展（混合仿真）时显示（图 11-27）。

（1）模拟菜单命令

❶ 运行模拟：开始模拟。

❷ 仿真仪表板：打开模拟仪表板面板。

❸ 位置源 » 电压：命令将电压源添加到原理图中。

❹ 位置源 » 当前：命令将当前源添加到原理图中。

❺ Place Generic Spice 模型：将库中的组件添加到原理图。

❻ 位置探针 » 电压：向原理图添加了电压探针。

❼ 位置探针 » 电压：差异为示意图添加了一对差分电压探针。

❽ 位置探针 » 电流：将电流探针添加到原理图中。

❾ 放置探针 » 功率：为原理图添加了功率探针。

⑩ 放置初始条件：将组件"初始条件"定义添加到原理图中。

⑪ 生成 Netlist：创建并显示模拟 Netlist 文件。

(2) 运行模拟命令

运行仿真命令启动在模拟仪表板中配置的所有计算。如果累积的计算在开始之前锁定，则在仿真结果区域中生成四个新计算。

(3) 模拟仪表板命令

Simulation Dashboard 命令打开 Altium Designer 电路模拟器 Simulation Dashboard 面板。

❶ 放置电源—电压源：命令位置源 - 电压源从库中添加了一个电压源 Simulation Generic Components.IntLib。该库位于 Libraries\SimulationAltium Designer 安装文档目录的目录中（默认情况下，位于 Windows 公共文档目录中）。

❷ 地方来源—当前来源：命令 Place Sources » Current Source 将电流源从 Simulation Generic Components.IntLib 库中添加到原理图。该库位于 Libraries\SimulationAltium Designer 安装文档目录的目录中（默认情况下，位于 Windows 公共文档目录中）。

❸ 放置通用 SPICE 模型：Place Generic Spice 模型命令将基于参数的组件添加到原理图中。

❹ 放置探头—电压：位置探针 - 电压命令在原理图中添加了电压探针。

❺ 放置探头—电压差：位置探针 - 电压命令在原理图中添加了一个差分电压探针对。差分电压探头必须放置在电线物体上或热点组件输出上。差分探头的放置必须分两步完成：第一步是放置正极性探头，第二步是放置负极性探头。差分探针类型显示了正极和负极探针之间的电压差。

❻ 放置探头—当前：Place Probes-Current 命令将电流探头添加到原理图中。

❼ 放置探头—电源：Place Probes -Power 命令将功率探头添加到原理图中。

❽ 放置初始条件：Place Initial Condition 命令将一个（.Initial ConditionIC）对象添加到原理图中，该对象定义了用于计算瞬态分析的初始电压条件。该组件是从 Simulation Generic Components.IntLib 库中添加的。该库位于 Libraries\SimulationAltium Designer 安装文档目录的目录中（默认情况下，位于 Windows 公共文档目录中）。

❾ 生成网表：Generate Netlist 命令创建一个带有 .nsx 扩展名的仿真网表文件。网表包含电路模拟器的完整任务，通常用于调试模拟器中出现的错误。网表文件在 Altium Designer 文本编辑器中打开。

图 11-27　仿真菜单

11.3.23　活动栏

活动栏有许多重复模拟菜单命令的图标，如图 11-28 所示，其中有以下几点：

❶ 电压源与 Simulate 菜单中的 Place Sources—Voltage Source 匹配。

❷ Current Source 与 Simulate 菜单中的 Place Sources—Current Source 相匹配。

❸ Generic Sim 模型与 Simulate 菜单中的 Place Sources—Voltage Source 匹配。

❹ Voltage Probe 与 Simulate 菜单中的 Place Probes—Voltage 匹配。

❺ Voltage Diff Probe 与 Simulate 菜单中的 Place Probes—Voltage Diff 相匹配。

❻ Current Probe 与 Simulate 菜单中的 Place Probes—Current 相匹配。

❼ Power Probe 与 Simulate 菜单中的 Place Probes—Power 匹配。

❽ 初始条件与模拟菜单中的放置初始条件相匹配。

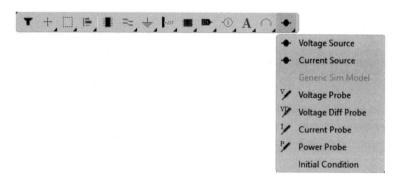

图 11-28　活动栏

11.4　SPICE 仿真用户代码的区域

用户 SPICE 代码区域是一种将混合 Sim 仿真器命令从电路传输到仿真器任务（Netlist）的机制。该机制用于快速对电路的各个部分进行原型设计，从而可以直接在电路上定义整个 SPICE 代码部分，例如模型定义、参数和用于计算的仿真器指令。

用户 SPICE 代码区域不能完全替代 SPICE 组件。这意味着不可能只使用 SPICE 用户代码区域为电路模拟器生成任务。因此，这种机制对于高级用户来说是一个有用的补充，但并不排除需要以原理图的图形格式描述电路。

11.4.1　定义用户 SPICE 代码的算法

❶ 使用位置 - 文本框架命令在原理图上添加文本框架对象。

❷ 将文本添加 .nsx 为文本框架中的第一行。

❸ 在 .nsx 行以下，根据相关语法要求编写相应代码，见图 11-29。

❹ 生成网列时，将出现一个区域，其中包含"自定义相应代码"部分中的文本，见图 11-30。

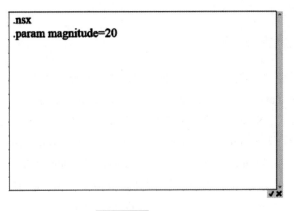

图 11-29 区域示例

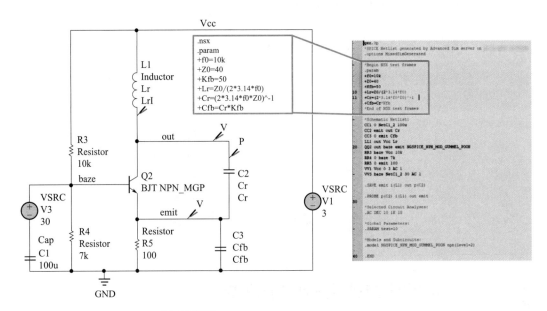

图 11-30 网表中用户 SPICE 代码的显示区域

在示意图中，可以根据需要定义用户相应代码的多个区域，所有区域都将合并为网表中的一个块，见图 11-31。

用户 SPICE 代码区域可用于重新定义在 Advanced Parameters Settings 对话框的 Global Parameters 选项卡中指定的全局参数。在 Global Parameters 选项卡和用户 SPICE—Code 区域中定义同名参数时，Text Frame 信息将具有更高的优先级。

11.4.2 模拟通用组件 .IntLib

模拟默认库集位于 \Users\Public\Documents\Altium\<AltiumDesignerVersionNumber>\Library 文件夹中。这些库采用 IntLib 格式。

面板中的 All 选项可以访问位于连接的 Altium Workspace 中的组件，详细了解在工作区中存储设计和组件的优势。

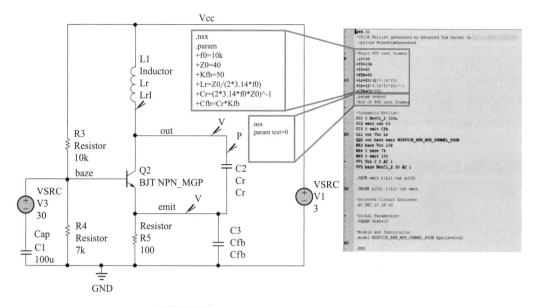

.nsx
.param
+f0=10k
+Z0=40
+Kfb=50
+Lr=Z0/(2*3.14*f0)
+Cr=(2*3.14*f0*Z0)^-1
+Cfb=Cr*Kfb

.nsx
.param test=0

该 Simulation Generic Components.IntLib 库用作支持电路仿真的源，并提供带有 SPICE 模型的基本组件。还包括一些刺激和定义组件：电压源、电流源和初始条件，这些用于从 Simulate 菜单向原理图添加命令。

(1) 在"属性"面板中配置特殊组件

属性面板为来自 Simulation Generic Components.IntLib 库的模拟组件提供了不同的组件视图，见图 11-32。

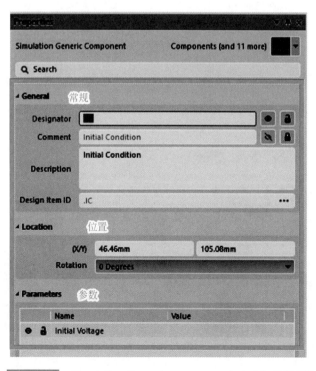

图 11-32　Simulation Generic Components.IntLib 库的属性

组件属性分为三个区域：常规、位置和参数。

(2) 电压源（VSRC、ISRC）

库中的 VSRC 和 ISRC 电压源在"属性"面板 Simulation Generic Components.IntLib 中有专门的属性类型。

属性分为两个区域：常规和参数。

❶ 常规区域中的组件属性：名称、仿真名称等。

❷ 参数区域仅包含那些影响其 SPICE 模型行为的组件参数。与计算直流和交流有关的参数在视觉上与信号参数分开，用于计算暂态过程，见图 11-33。

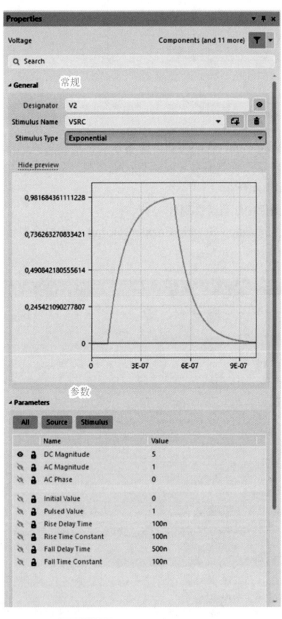

图 11-33　电压源属性面板的界面

11.5 在 Altium Designer 中将仿真模型链接到原理图组件

Altium Designer 提供功能强大的混合信号电路仿真器，能够彻底分析电路，而且确保其在特定设计约束下运行。为了顺利地进行仿真设计，电路中的所有组件都必须准备好仿真模型，每个都必须有一个为器件定义的链接仿真模型。

Altium Designer 带有大量存储在制造商特定集成库中的组件。其中许多组件都链接了仿真模型，从而可以快速高效地创建可用于仿真的电路。

由于元器件种类繁多不能覆盖所有元器件，因此需要在用户添加的库中创建电路所需的组件。除了定义组件的符号外，还需要获取并链接该组件的仿真模型，以使该组件做好仿真准备。

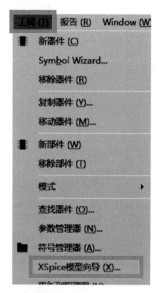

图 11-34　创建新的组件模型

11.5.1　创建原理图组件模型

创建新的组件模型，在原理图元件库，菜单栏选择"工具—XSpice 模型向导"进行原理图组件模型的创建，见图 11-34 ～图 11-45。

图 11-35　组件模型创建向导

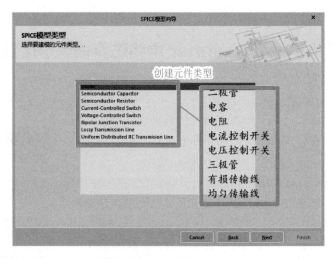

图 11-36　组件模型元件类型

图 11-37　组件模型添加方式一

图 11-38　组件模型添加方式二

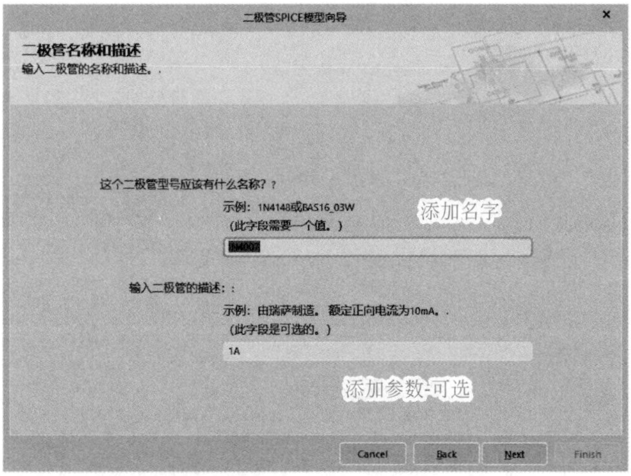

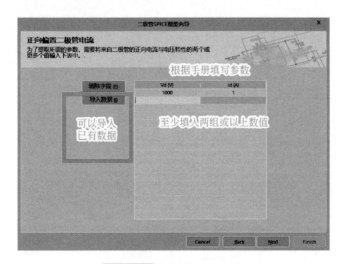

图 11-39　组件模型名称填写

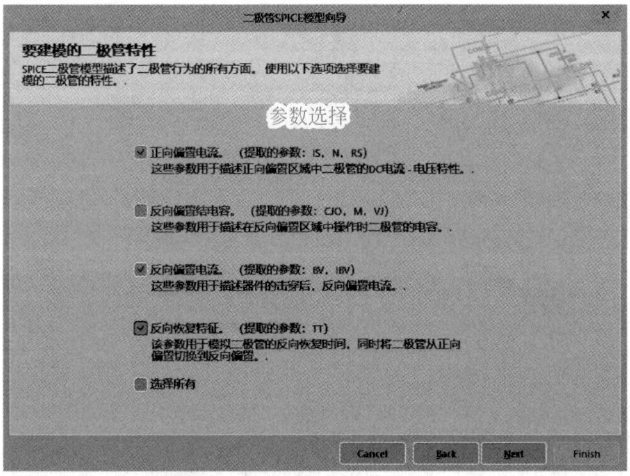

图 11-40　组件模型填写参数选择

图 11-41　组件模型参数输入

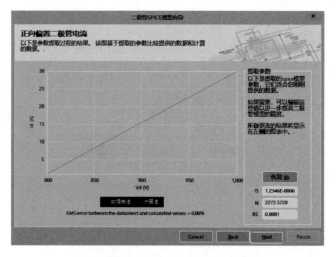

图 11-42 组件模型参数输入后模型

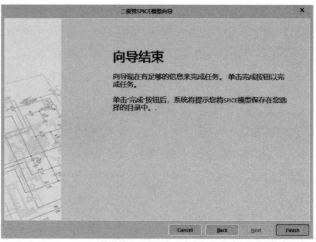

(a) 组件模型生成

(b) 组件模型生成完成

图 11-43 组件生成

图 11-44　组件模型保存路径

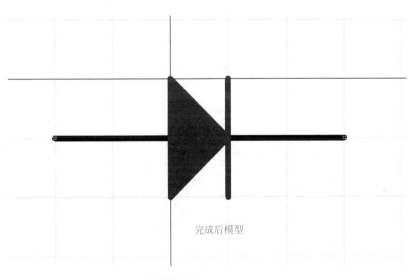

完成后模型

图 11-45　组件模型样式

11.5.2　原理图中编辑组件模型

在原理图库编辑器中定义元件，有时候复制现有组件，然后根据需要对其进行修改更容易，而不是从头开始创建组件和相关图形。

向组件添加仿真模型链接，在原理图库编辑器中通过以下方式执行：

在原理图元件库编辑器界面中，单击左下角"Add Simulation"下拉箭头，然后从可用模型类型列表中选择"Simulation"（模拟），见图 11-46、图 11-47，元件参数添加就完成了仿真组件的创建。

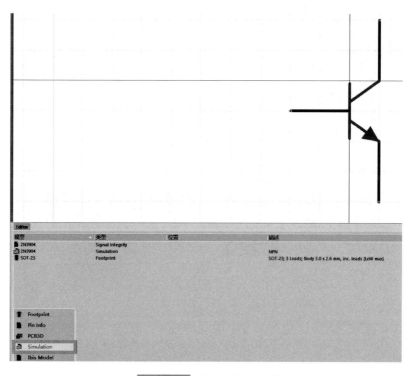

图 11-46 打开现有元器件

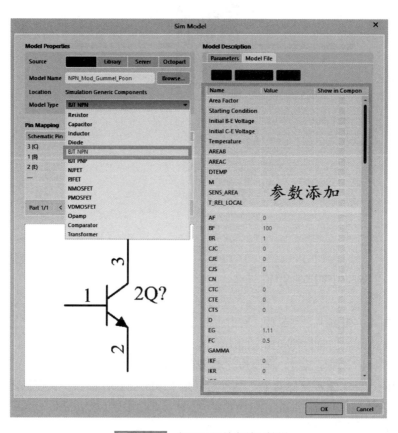

图 11-47 打开元器件参数属性栏

11.6 Altium Designer 中简单电路模拟

❶ 新建一张原理图，见图 11-48。

❷ 放置信号源，见图 11-49。

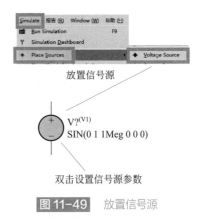

放置信号源

双击设置信号源参数

图 11-49 放置信号源

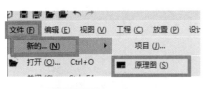

图 11-48 新建原理图

❸ 在原理图库中调出需要放置的元器件，见图 11-50。

❹ 绘制一张电路原理图，见图 11-51。

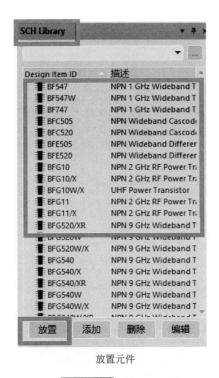

放置元件

图 11-50 放置元器件

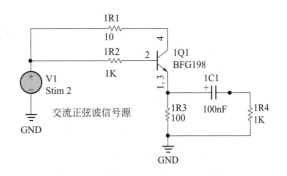

图 11-51 绘制电路原理图

❺ 运行仿真软件并检查错误，见图 11-52。

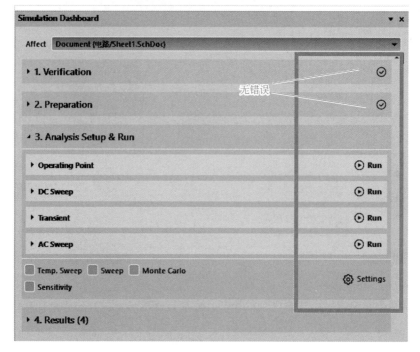

图 11-52　运行仿真并检查

❻ 运行仿真结果查看，见图 11-53～图 11-55。

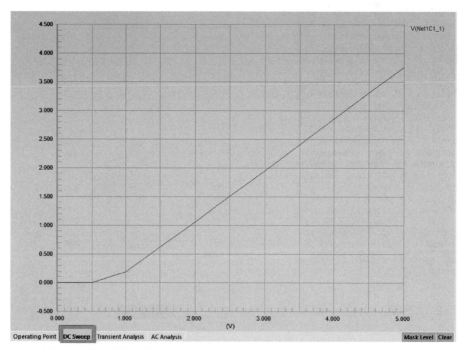

DC Sweep：用于计算DC模式

图 11-53　运行仿真（DC Sweep）

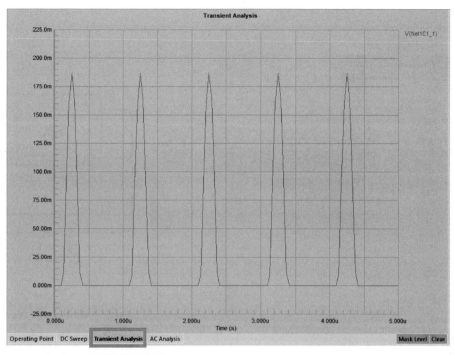

Transient：用于计算瞬态过程

图 11-54　运行仿真（Transient）

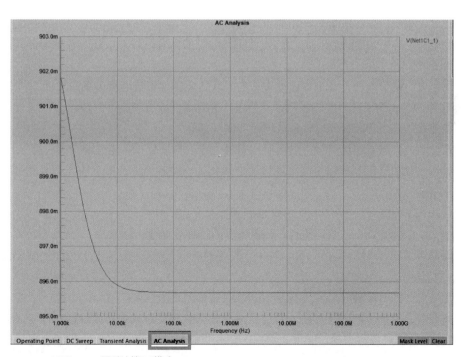

AC Sweep：用于计算AC模式

图 11-55　运行仿真（AC Sweep）

第十二章

PCB 原理图及 PCB 设计原则规范

12.1 规范中术语及定义

- PCB（Print Circuit Board）：印刷电路板。
- 原理图：电路原理图，用原理图设计工具绘制的、表达硬件电路中各种元器件之间的连接关系的图。
- 网络表：由原理图设计工具自动生成的、表达元器件电气连接关系的文件。
- 布局：PCB 设计过程中，按照设计要求，把元器件放置到板上的过程。
- 装配孔：是用于装配元器件，或固定印制板的孔。
- 定位孔：指放置在板边缘上的用于电路板生产的自动化设备定位使用的过孔。
- 导通孔（Via）：一种用于内层连接的金属化孔，但其中并不用于插入元器件引线或其它增强材料。
- 盲孔（Blind Via）：从印制板内仅延展到一个表层的导通孔。
- 埋孔（Buried Via）：未延伸到印制板表面的一种导通孔。
- 辅助边（工艺边）：是指为生产时用于在导轨上传输，导轨占用的 PCB 区域和使用工装时的预留区域。
- 传送边：PCB 放置在导轨上传输时和导轨接触的边沿区域。
- 波峰焊：将熔化的软钎焊料，经过机械泵或电磁泵喷流成焊料波峰，使预先装有电子元器件的 PCB 通过焊料波峰，实现元器件焊端或引脚与 PCB 焊盘之间机械和电气连接的一种软钎焊工艺。
- 回流焊：通过熔化预先分配到 PCB 焊盘上的膏状软钎焊料，实现表面组装元器件焊端或引脚与 PCB 焊盘之间机械和电气连接的一种软钎焊工艺。
- SMT（Surface Mounting Technology）：表面组装技术。

- 塞孔：指过孔盖油，在 AD 软件中双击过孔，在设置中勾选 "Force complete tending on top" "Force complete tending on buttom"。
- 阻焊：PCB 板上的一种保护层，俗称"绿油"，起阻焊作用并长期保护 PCB 上线路（区别于助焊，有 Solder 层绘制区域则不刷"绿油"形成助焊效果，否则刷"绿油"形成阻焊效果）。
- 正负片：PCB 光绘的正负片效果相反，正片是画线部分 PCB 铜被保留，没有画线部分被清除，用于 Top 层和 Buttom 层加工，负片和正片相反，常用于内电层，如内部电源 / 接地层。
- 机插盲区：指定位盲区和边缘盲区。
- V-CUT：微割工艺，对电路板进行直线 V 形开槽，便于分板。
- 原边、副边：原边指电压输入一侧，副边指电压隔离输出一侧。
- 过孔（Through Via）：从印制板的一个表层延展到另一个表层的导通孔。
- MARK 点：为了满足自动化生产需要而在板上放置的用于元器件贴装和板测试的光学定位的特殊焊盘。
- oz（盎司）：1oz 铜厚定义为一平方英寸面积内铜铂的重量为一盎司，对应的物理厚度为 35μm。
- 电气间隙：两相邻导体或一个导体与相邻电机壳表面的沿空气测量的最短距离。
- 爬距离：两相邻导体或一个导体与相邻电机壳表面的沿绝缘表面测量的最短距离。

12.2　设计流程规定

❶ 输入来源：设计过程中主要输入文件为经过审核无误的原理图、经过审核无误的定额表或 BOM、PCB 的安装形式或外形尺寸、重要部件的安装位置（如大功率元件、核心元件等）、大电流等特殊工艺要求、受限的禁布区域等要求。

❷ 确定封装：审核原理图中元器件的封装，确保封装准确无误并且是公司标准库中选取的。标准库中没有的封装需先申请绘制封装入库后再选择。

❸ 建立 PCB 板：绘制 PCB 机械外形并标准尺寸，放置安装孔、参考点、禁布区、定位孔并锁定。

❹ 布局：导入网络表、设置规则，进行重要元器件布局及初步的布局审核。

❺ 布线：进行布线、布板、覆铜、标识、标签，进行初步的布线审核。

❻ 确认审批：主要是对工艺、安规、EMC、散热等方面审核，编写制版要求、版本记录等文件并进行审批。

❼ 投板：进入采购流程进行 PCB 制作。

12.3　PCB 机械设计规范

(1) 板子设置

❶ PCB 度量单位设置为英制单位 mil，跳转栅格单位设置为 mil，元器件和栅格对齐。

[强制] 标准工件 PCB 板卡需遵循相关规范，如插箱板卡需遵《IEC 60297-482.6mm（19in）系列机械结构件的尺寸》《GB/T 19520 电子设备机械结构 482.6mm（19in）系列结构机械尺寸》《JG/GX 20212-004 电路板机械设计技术规范》中的相关规定或供应商的加工要求。

❷ 板厚选择为 1.6mm、2.0mm、2.5mm、3.0mm，±10% 公差，特殊板厚需在设计中注明其原理。

❸ 非标准板框四周倒圆角，倒角半径≥ 5mm。

❹ 在有效 PCB 范围内，距板边大于 6mm 处放置 MARK 点。

（2）MARK 点设置

❶ MARK 点大小 / 形状：直径为 1.0mm 的实心圆。

阻焊开窗：直径为 2.0mm 的圆形区域。如图 12-1 所示。

❷ 单面基准点数量≥ 3，5MD 双面布局时，基准点需双面放置，MARK 点周围 5mm 区域内禁止放元器件和过孔，板面位置不够时可以放置在辅助边上，如图 12-2 所示。

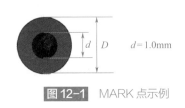

图 12-1 MARK 点示例

图 12-2 0-2MARK 点放置示例

❸ 放置定位孔，定位孔为非金属化过程，在最长的一条边上设置主副两个供插件机使用，没有插装元器件或不需要上插件机加工的板卡不需要设置该定位孔，如图 12-3 所示。

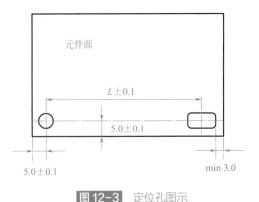

图 12-3 定位孔图示

注：左下角为主定位孔，孔径为 ϕ4.0mm，右下角为副定位孔，其孔径尺寸应为 ϕ4.0mm 的鹅蛋形定位，两定位孔的中心轴连线平行于最长边，离最长边的距离为（5.0±0.1）mm，主定位孔与左边的距离为（5.0±0.1）mm，副定位孔孔边与右边的距离应不小于 3.0mm，定位孔周围从孔边向外至少 2mm 范围内，应覆铜箔以增加板的机械强度，主副两定位孔的中心距 L 的优选系列为：290mm、235mm、350mm，误差为 ±0.1mm。

❹ 在机械层对板子的外形进行基本的尺寸标注，机械层和禁止布线（Keep Out）外边框一致以避免加工出错，板边框用 10mil 的线绘制，如图 12-4 所示。

❺ PCB 叠层设计：由于多层板需多方面考虑 EMC 等问题，PCB 叠层设计时需注意以下几点。

a. 采用平衡 PCB 层叠即偶数层对称，具有成本低、不易弯曲、加工时间短、质量高的优点，如图 12-5 所示。

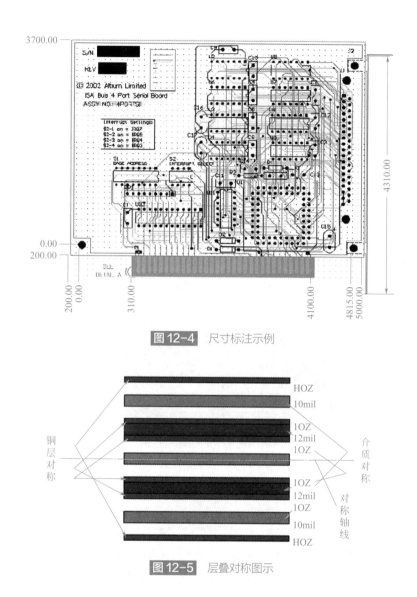

图 12-4 尺寸标注示例

图示中包含以下标注：

HOZ
10mil
1OZ
12mil
1OZ
1OZ
12mil
1OZ
10mil
HOZ

铜层对称　　介质对称　　对称轴线

图 12-5 层叠对称图示

b. PCB 外层一般选用 0.5oz 的铜箔，内层一般选用 1oz 的铜箔，避免在内层使用两面铜箔厚度不一致的芯板。

c. 信号层与一个内电层相邻（内部电源／地层），利用内电层的大铜膜为信号层提供屏蔽。

d. 内部电源层和地层之间应该紧密耦合，内部电源层和地层之间的介质厚度应该取较小的值，以提高电源层和地层之间的电容，增大谐振频率。

e. 电路中的高速信号传输层应该是信号中间层，并且夹在两个内电层之间，这样两个内电层的铜膜可以为高速信号传输提供电磁屏蔽，同时也能有效地将高速信号的辐射限制在两个内电层之间，不对外造成干扰。

f. 避免两个信号层直接相邻，相邻的信号层之间容易引入串扰，从而导致电路功能失效。在两信号层之间加入地平面可以有效地避免串扰。

g. 多个接地的内电层可以有效地降低接地阻抗。例如 A 信号层和 B 信号层采用各自单独的地平面，可以有效地降低共模干扰。

h. 4 层板建议层叠方式（顶层放置元器件）如图 12-6 所示。

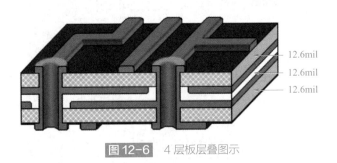

12.6mil
12.6mil
12.6mil

图 12-6 图 12-6　4 层板层叠图示

i. 6 层板的层叠设置（此处为常规优选，有多种组合方式，不限于图 12-7 所示，需按照实际情况进行设计，以符合 EMC 和 EMI 等方面要求）。

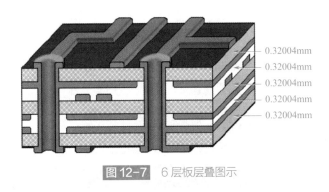

0.32004mm
0.32004mm
0.32004mm
0.32004mm
0.32004mm

图 12-7　6 层板层叠图示

优点：电源层和地线层紧密耦合，每个信号层都与内电层直接相邻，与其他信号层均有有效的隔离，不易发生串扰。Signal 和两个内电层 GND 和 POWER 相邻，可以用来传输高速信号，两个内电层可以有效地屏蔽外界对 Signal 层的干扰和 Signal 层对外界的干扰。

缺点：减少了一个信号层，多了一个内电层，可供布线的层面减少。

j. 8 层板的层叠设置（仅供参考）如图 12-8 所示。

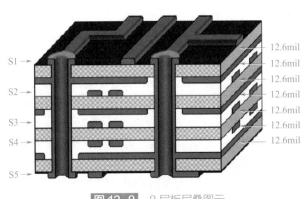

S1
S2
S3
S4
S5

12.6mil
12.6mil
12.6mil
12.6mil
12.6mil
12.6mil
12.6mil

图 12-8　8 层板层叠图示

注：为了方便布线，在电源和底层也放置了其他网络。

k. 平衡 PCB 层叠板层间介质厚度（缺省条件下），如图 12-9 所示。

类型		层间介质厚度/mm										
		1-2	2-3	3-4	4-5	5-6	6-7	7-8	8-9	9-10	10-11	11-12
4层板	1.6mm	0.36	0.71	0.36								
	2.0mm	0.36	1.13	0.36								
	2.5mm	0.40	1.53	0.40								
	3.0mm	0.40	1.93	0.40								
6层板	1.6mm	0.24	0.33	0.21	0.33	0.24						
	2.0mm	0.24	0.46	0.36	0.46	0.24						
	2.5mm	0.24	0.71	0.36	0.71	0.24						
	3.0mm	0.24	0.93	0.40	0.93	0.24						
8层板	1.6mm	0.14	0.24	0.14	0.24	0.14	0.24	0.14				
	2.0mm	0.24	0.24	0.24	0.24	0.24	0.24	0.24				
	2.5mm	0.40	0.24	0.36	0.24	0.36	0.24	0.40				
	3.0mm	0.40	0.41	0.36	0.41	0.36	0.41	0.40				
10层板	1.6mm	0.14	0.14	0.14	0.14	0.14	0.14	0.14	0.14	0.14		
	2.0mm	0.24	0.14	0.24	0.14	0.24	0.24	0.24	0.14	0.24		
	2.5mm	0.24	0.24	0.24	0.24	0.24	0.24	0.24	0.24	0.24		
	3.0mm	0.24	0.33	0.24	0.33	0.24	0.33	0.24	0.33	0.24		
12层板	2.0mm	0.14	0.14	0.14	0.14	0.14	0.14	0.14	0.14	0.14	0.14	0.14
	2.5mm	0.24	0.14	0.24	0.14	0.24	0.14	0.24	0.14	0.24	0.14	0.24
	3.0mm	0.24	0.14	0.24	0.14	0.24	0.24	0.24	0.24	0.24	0.24	0.24

注：层间厚度指的是介质厚度(不包括铜箔厚度)，其中2-3、4-5、6-7、8-9、10-11间用的是芯板，其它层间用的是半固化片。

图 12-9 平衡 PCB 层叠板层间介质厚度

l. 阻抗要求在 PCB 板面外标注清楚并在加工文件写明，如图 12-10 所示。

名称	层	参考层	阻抗/Ω	宽度/mil
单层阻抗	L1/L8	L2/L7	50	7.5
	L3	L2/L4	50	6
	L5/L6	L4/L7	50	6

	层	参考层	阻抗/Ω	宽度/mil
差分阻抗	L1/L8	L2/L7	100	5/6
	L3	L2/L4	100	5/6
	L5/L6	L4/L7	100	5/6

图 12-10 在 PCB 板面外进行阻抗控制标注的示例

12.4 封装设计

所有元器件封装必须从企业统一元器件库中选取，库中没有的元器件封装时需申请入库后选取。焊盘、过孔等封装在企业统一元器件库中没有的可以自由设置，但需满足贴装、插件的加工工艺对元器件封装的要求。贴装、插件的加工工艺对元器件封装，要求在申请封装入库时考虑并绘制完成后加入企业统一元器件库中，具体入库规则。

布局设计：

❶ 在 PCB 左边线和下边线交会处放置参考原点。

❷ 距板边距离 5mm 内禁布元器件（除接插件等），传送边 10mm 内禁布元器件（不满足时加辅助边）。

❸ 模拟数字元器件分区域放置。有高频连线的元器件尽可能靠近，以减少分布参数和电磁干扰，如图 12-11 所示。

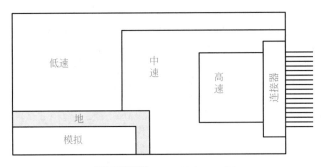

图 12-11 分区域布局示例

❹ 高速的元器件（和外界接口的）应尽量靠近连接器，数字电路与模拟电路应分开。

❺ 散热布局：功率大的元器件摆放在利用散热的位置上或对其他热敏元器件影响小的位置上，元器件整体放置应考虑散热方面的排布，如图 12-12 所示。

图 12-12 散热布局示例

❻ 热敏元器件应远离发热元器件，放置在靠近空气流动的源头区域。若因为空间的原因不能达到要求距离，则应通过温度测试保证温度敏感元器件的温升在降额范围内。

a. 在风冷条件下，电解电容等温度敏感元器件离热源距离要求大于或等于 2.5mm；

b. 自然冷条件下，电解电容等温度敏感元器件离热源距离要求大于或等于 4.0mm。

❼ 元器件之间距离。

a. 双列直插元器件相互的距离要大于 80mil。

b. BGA 等面阵列元器件周围需留有 2mm 禁布区，最佳为 5mm 禁布区。

c. 贴装小元器件中心距离≥ 28mil，防止生产自动贴装时出现翘起立碑现象。

d. 贴装元器件焊盘外侧与相邻插装元器件焊盘外侧要大于 80mil。

e. 压接元器件周围 5mm 不可以放置插装元器件。

f. 散热片要留有一定的安装空间，与其它元器件距离最少 20mil。

g. 同是金属外壳的元器件不能相碰，距离最少 40mil。

［建议］用于阻抗匹配目的元器件的放置，应根据其属性合理布局。

❽ 元器件布局设计。

a. 根据原理图信号流向分区域放置关键性元器件（接插件、开关、电源、处理器、变压器等）。

b. 输入、输出元器件尽量远离。

c. 质量较大的元器件应避免放在板的中心，防止焊接和高温时翘曲，尽量在 Top 层放置。

d. 带高压的元器件应尽量放在调试时手不易触及的地方，高压电低压元器件尽量远离。

e. 高矮元器件尽量按照高度顺序放置，留有维修操作的空间。

f. 接插元器件需要留有一定的拔插操作空间。

g. 可调元器件的布局应便于调节（跳线、可变电容、电位器等）。

h. 有极性的元器件尽量同方向布置。

i. 表贴元器件布局时在注意焊盘方向尽量取一致，尽量同层放置，便于 SMT 加工和波峰焊加装治具。

j. 去耦电容在电源输出和输入端就近放置。

12.5　布线设计—过孔与焊盘

❶ 距板边距离 5mm 内禁布焊盘（除接插件），与传送边 10mm 内禁布焊盘（不满足时加辅助）。

❷ 过孔大小：尽量选择表 12-1 推荐的尺寸。孔径小于 12mil 过孔提前和制板厂沟通加工精度（板厚及工艺对孔径有限制）。

◇表 12-1　过孔大小选择

单位：mil

孔径	4	8	12	16	20	25	50	100
焊盘直径	10	20	25	35	40	50	100	200

❸ 过孔与载流量：小电流时焊盘直径不小于走线线宽，孔径不小于走线宽度的 1/2，金

属化过孔镀层厚度较薄，经不起大电流，因此电源线、地线等有大电流的走线需要通过过孔到另一面时，才可在此处多加几个过孔，或通过一个穿过两面的元器件实现。

❹ 孔间距：如图 12-13 所示。

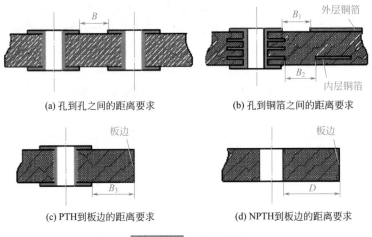

(a) 孔到孔之间的距离要求   (b) 孔到铜箔之间的距离要求

(c) PTH到板边的距离要求   (d) NPTH到板边的距离要求

图 12-13 孔间距图示

孔盘与孔盘之间的间距要求：$B \geqslant 5\text{mil}$；

孔盘到铜箔的最小距离要求：$B_1 \geqslant 5\text{mil}$，$B_2 \geqslant 5\text{mil}$；

金属化孔（PTH）到板边（Hole to outline）最小间距保证焊盘距离板边的距离，$B_3 \geqslant 20\text{mil}$；

非金属化孔（NPTH）孔壁到板边的最小距离推荐 $D \geqslant 40\text{mil}$。

❺ 安装孔和定位孔的选择（类型 C 加工精度最高）如表 12-2 和图 12-14 所示。

◈ 表 12-2　过孔类型的选择表

工序	金属紧固件孔	非金属紧固件孔	安装金属件铆钉孔	安装非金属件铆钉孔	定位孔
波峰焊	类型 A	类型 C	类型 B	类型 C	
非波峰焊	类型 B				

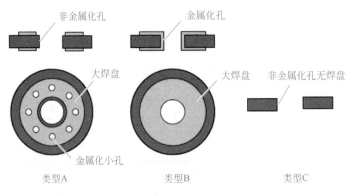

图 12-14 过孔类型示例

❻ 过孔禁布区：过孔不能位于焊盘上，元器件金属外壳与 PCB 接触区域向外延伸 50mil 区域内不能有过孔，如表 12-3 所示。

◇ 表 12-3　过孔禁布区

类型	紧固件的直径规格 /mm	表层最小禁布区直径范围 /mm	内层最小无铜区 /mm	
			金属化孔孔壁与导线最小边缘距离	电源层、接地层铜箔与非金属化孔孔壁最小边缘距离
螺钉孔（GB 9074.4-8 组合螺钉）	2	7.1	0.4	0.63 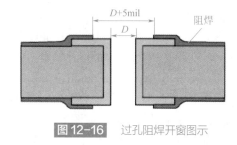 空距
	2.5	7.6		
	3	8.6		
	4	10.6		
	5	12		
铆钉孔	4	7.6		
连接器铆钉孔	2.8	6		
	2.5	6		
定位孔、安装孔	≥2	安装金属件最大禁布区面积 + A①		

① A 为孔与导线最小间距，参照内层无最小铜区。

❼ 间距如图 12-15 所示。

❽ 过孔阻焊：

a. 过孔的阻焊开窗设置正反面均为孔径 +5mil，如图 12-16 所示。

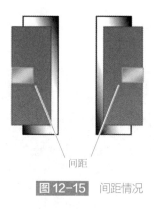

间距

图 12-15　间距情况

图 12-16　过孔阻焊开窗图示

D+5mil
D
阻焊

b. 金属化安装孔正反面禁布区内应做阻焊开窗，如图 12-17 所示。

c. 有铜箔的非金属化安装孔的阻焊开窗大小应该与螺钉的安装禁布区大小一致，如图 12-18 所示。

d. 过滤峰的安装孔阻焊开窗推荐如图 12-19 所示。

e. 非金属化定位孔正反面阻焊开窗比直径大 10mil，如图 12-20 所示。

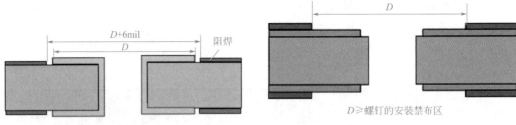

图 12-17 金属化安装孔阻焊开窗图示

图 12-18 非金属化安装孔的阻焊开窗图示

$D \geq$ 螺钉的安装禁布区

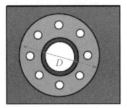

类型A安装孔非焊接面
的阻焊开窗示意图

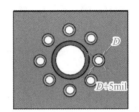

类型A安装孔焊接面
的阻焊开窗示意图

图 12-19 过滤峰的安装孔阻焊开窗图示

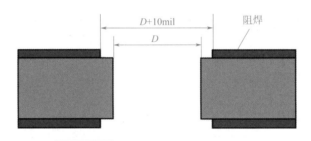

图 12-20 非金属化定位孔阻焊开窗图示

f. 需要塞孔的孔在正反面阻焊都不开窗。

g. 需要过波峰焊的 PCB，其 BGA 过孔都采用阻焊塞孔的方法。如果要在 BGA 下加 ICT 测试点，推荐用狗骨头形状从 PCB 背面过孔引出测试焊盘。测试焊盘直径 32mil，阻焊开窗 40mil。如果在波峰焊时通过治具遮挡，可以不考虑此项要求，但是需要在工艺要求中注明对治具的要求，如图 12-21 所示。

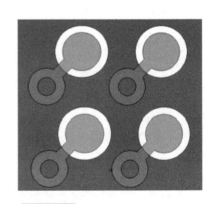

图 12-21 狗骨头形状测试焊盘示例

h. 如果 PCB 没有波峰焊工序，BGA 下的测试点，可直接 BGA 过孔作测试孔，不塞孔，Top 面按比孔径大 5mil 阻焊开窗，Bottom 面测试孔焊盘为 32mil，阻焊开窗 40mil。

⑨ 焊盘的阻焊要求：

a. PCB 制板工艺对位精度和最小阻焊宽度有限制，阻焊开窗应比焊盘尺寸大 6mil 以上（一边大 3mil），最小阻焊桥宽度 3mil。焊盘和孔、孔和相邻的孔之间一定要有阻焊桥间隔以防止焊锡从过孔流出或短路，如图 12-22、表 12-4 所示。

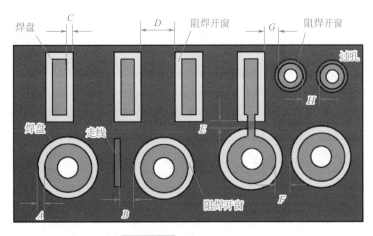

图 12-22 焊盘阻焊示意图

◇表 12-4　焊盘阻焊开窗及间距

项目	最小值 /mil
插件焊盘阻焊开窗尺寸（A）	3
走线与插件之间的阻焊桥尺寸（B）	2
SMD 焊盘阻焊开窗尺寸（C）	3
SMD 焊盘之间的阻焊桥尺寸（D）	3
SMD 焊盘和插件之间的阻焊桥（E）	3
插件焊盘之间的阻焊桥（F）	3
插件焊盘和过孔之间的阻焊桥（G）	3
过孔和过孔之间的阻焊桥大小（H）	3

b. 管脚间距 ≤ 0.5mm（20mil）或者焊盘间边缘间距 ≤ 10mil 的 5MD，可采用整体阻焊开窗的方式，如图 12-23 所示。

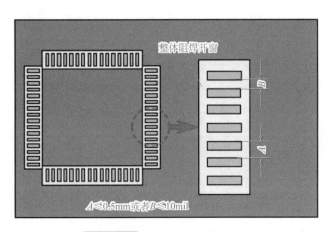

图 12-23 焊盘整体阻焊开窗图示

255

12.6 线宽 / 线距

❶ 线宽的选择（小于 8mil 的线宽需提前和制板厂商沟通加工精度），如表 12-5 所示。

◇ 表 12-5　线宽选择图示

英制宽度 /mil	公制宽度 /mm
5	0.127
6	0.1524
8	0.2032
10	0.254
12	0.3048
20	0.508
25	0.635
50	1.27
100	2.54

❷ 线宽与载流量，如表 12-6 所示。

◇ 表 12-6　线宽与载流量

线宽　　铜厚	0.5oz	1.0oz	2.0oz
10mil	0.5A	1.0A	1.4A
15mil	0.7A	1.2A	1.6A
20mil	0.7A	1.3A	2.1A
25mil	0.9A	1.7A	2.5A
30mil	1.1A	1.9A	3.0A
50mil	1.5A	2.6A	4.0A
75mil	2.0A	3.5A	5.7A
100mil	2.6A	4.2A	6.9A
200mil	4.2A	7.0A	11.5A
250mil	5.0A	8.3A	12.3A

注：载流量为 25℃温升 10℃条件下的最大值，实际选择应除以 50%，有条件的情况下需要降额更多，避免上下电瞬间脉冲电流的冲击。

❸ 走线。

a. 走线与孔之间的距离，表 12-7 所示。

孔径	走线距离孔边缘的距离	
<80mil	安装孔	见安装孔设计
	非安装孔	8mil
80 ~ 120mil	安装孔	见安装孔设计
	非安装孔	12mil
>120mil	安装孔	见安装孔设计
	非安装孔	16mil

b. 走线和焊盘的距离≥ 2mm，如图 12-24 所示。

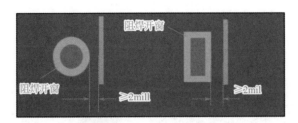

图 12-24　走线与焊盘距离图示

c. 晶体、变压器、光耦、电源模块下面尽量避免走线，特别是晶体下面应铺设接地的铜皮。

d. 对于时钟线和高频信号线要根据其特性阻抗要求考虑线宽，做到阻抗匹配。

e. 测试点：电源、地、重要的信号线等需要设置测试点。

焊盘直径应不小于 25mil 导通孔可以兼作测试点使用，SMT 元器件的管脚焊盘可以兼作测试使用。测试点中心距应不小于 50mil，测试点避免放置在芯片底下。接地的测试点均匀分布。添加测试点时，附加线应该尽量短，如图 12-25 所示，尽量采用（c）图，避免（a）、（b）图方案。

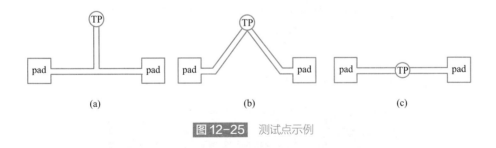

图 12-25　测试点示例

测试点时应该错开排放。两个测试点中心间距的最小值为 2.54mm，如图 12-26 所示。

f. 信号走线距板边距离 >20mil，内层电源 / 地距板边距离 >20mil，接地汇流线及接地铜箔距离板边也应大于 20mil。

［强制］在有金属壳体（如散热片）直接与 PCB 接触物区域不可以有走线，元器件金属

外壳与 PCB 接触区域向外延伸 1.5mm 区域为表层走线禁布区，如图 12-27 所示。

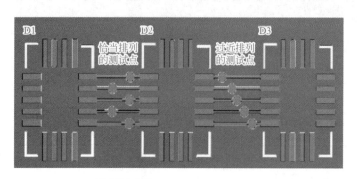

图 12-26　测试点排列示例

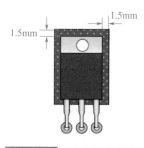

图 12-27　金属外壳走线禁布区图示

g. 元器件走线和焊盘连接要避免不对称走线，如图 12-28 所示。

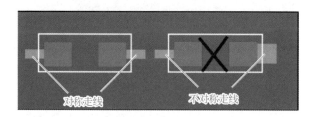

图 12-28　对称走线示例

h. 不允许走线突出焊盘，如图 12-29 所示。

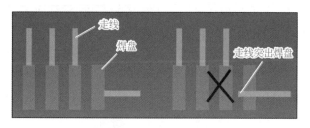

图 12-29　走线突出焊盘示例

i. 不允许走线偏移焊盘，如图 12-30 所示。

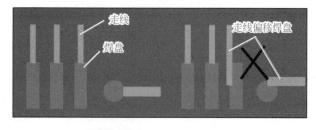

图 12-30　走线偏移焊盘示例

j. 当和焊盘连接的走线比焊盘宽时，走线不能覆盖焊盘，应从焊盘末端引线，如图 12-31 所示。

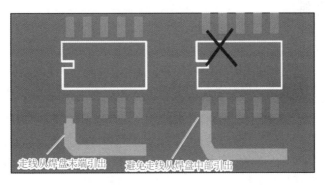

走线从焊盘末端引出　　　　避免走线从焊盘中部引出

图 12-31　走线从焊盘末端引出示例

k. 密间距的 SMT 焊盘引脚需要连接时，应从焊盘外部连接，不允许在焊脚中间直接连接，如图 12-32 所示。

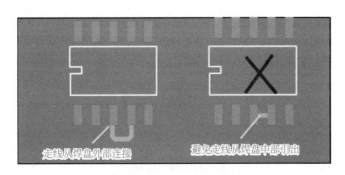

走线从焊盘外部连接　　　　避免走线从焊盘中部引出

图 12-32　走线从外部连接示例

l. 从贴装元器件焊盘引出的过孔尺量远离焊盘，距离推荐 ≥ 20mil。如图 12-33 所示。

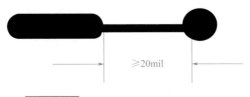

≥20mil

图 12-33　过孔远离贴装元器件焊盘示例

m. 电源和地的布线：尽量给出单独的电源层和地层；即使要在表层拉线，电源线和地线也要尽量短且要足够粗，对于多层板，一般都有电源层和地层。需要注意的只是模拟部分和数字部分的地和电源即使电压相同，也要分割开来，对于单双层板电源线应尽量粗而短。

n. 设置滴泪：采用 Ares 圆弧类型，RF 线路不要求。

12.7 覆铜

❶ 同一层的线路或铜分布不平衡或者不同层的铜分布不对称时，推荐覆铜设计。外层如果有大面积的区域没有走线和图形，建议在所有区域覆铜网格，使得整个板面的铜分布均匀。PCB 需增加机械强度的区域可以覆铜。

❷ 模拟区域不建议覆铜。高压区域不建议覆铜，如果须覆铜需增加间距。

❸ 推荐覆铜网格间的空方格的大小约为 25mil×25mil 或整体覆铜，覆铜间距为布线间距的 2 倍，关联导线数 4。为保证各层地平面电平一致，建议加入均匀的过孔把各平面地层之间连接起来，去除孤岛和死铜。

❹ 发热量大的区域建议采用网格覆铜，纯铜覆铜时间长容易脱落，波峰焊时如果没有治具遮挡，纯铜覆铜容易翘起和起泡，原因是不同介质的热胀冷缩系数不同，纯铜相对网格的覆铜方式热胀冷缩更易挤压导致起泡脱落，但是当给纯铜覆铜开一些窗口就可以实现大量散热的目的，所以覆铜的方式需按照目的性合理选择，如图 12-34 所示。

覆铜区域：
25mil×25mil

图 12-34 覆铜示例

12.8 工艺设计

❶ PCB 尺寸：可自动化加工的 PCB 尺寸范围见图 12-35 和表 12-8。

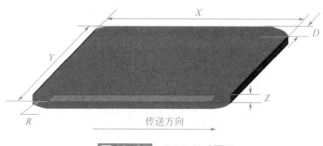

图 12-35 PCB 尺寸图示

尺寸	长（X）	宽（Y）	厚（Z）	PCBA 重量（回流焊接）	倒角（R）	PCBA 重量（波峰焊接）	传送边元件、焊点禁布区宽度（D）
单面贴装	55.0 ~ 500.0	55.0 ~ 450.0	1.0 ~ 4.5	≤ 2.72kg	≥5		≥10.0
单面混装	60.0 ~ 450.0	55.0 ~ 450.0	1.0 ~ 4.5	≤ 2.72kg	≥5	≤ 5.0kg	≥10.0
双面贴装	55.0 ~ 500.0	55.0 ~ 450.0	1.0 ~ 4.5	≤ 2.72kg	≥5		≥10.0
双面混装	60.0 ~ 450.0	55.0 ~ 450.0	1.0 ~ 4.5	≤ 2.72kg	≥5	≤ 5.0kg	≥10.0

注：单板长宽比要求 X/Y ≤ 2。

❷ 拼板设计。

［建议］当 PCB 的单元板尺寸 <80mm×80mm 时，建议做拼板。

a. 拼板尺寸：长度 $T = 100 \sim 400$mm，宽度 $W = 70 \sim 400$mm。

b. 推荐使用的拼版方式有三种：同方向拼版。中心对称拼版、镜像对称拼版。

c. 同方向拼版：规则单元板采用 V-CUT 拼版，如图 12-36、图 12-37 所示。

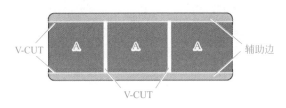

图 12-36　规则单元板拼版图示

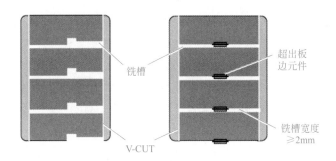

图 12-37　不规则单元板拼版图示

d. 中心对称拼版：中心对称拼版适用于两块形状较不规则的 PCB。将不规则形状的一边相对放置中间，使拼版后形状变为规则，不规则形状的 PCB 对称，中间必须开铣槽才能分离两个单元板，如果拼版产生较大的变形，可以考虑在拼间加辅助块（用邮票孔连接），如图 12-38 所示。

对于有金手指的插卡板，需将其对拼，将其金手指朝外，以方便镀金，如图 12-39 所示。

e. 镜像对称拼版：单元板正反面 SMD 都满足背面过回流焊焊接要求时，可采用镜像对称拼版，镜像对称拼版需满足 PCB 光绘的正负片对称分布，以 4 层板为例，若其中第 2 层为电源 / 地的负片，则与其对称的第 3 层也必须为负片，否则不能采用镜像对称拼版。采用镜像对称拼版后，辅助边的基准点必须满足翻转后重合的要求，如图 12-40 所示。

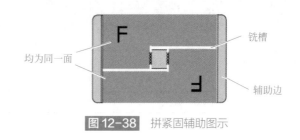

图 12-38　拼紧固辅助图示

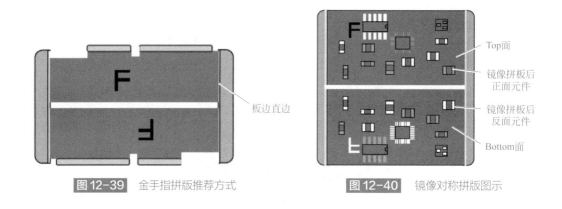

图 12-39　金手指拼版推荐方式

图 12-40　镜像对称拼版图示

　　f. 若 PCB 要经过回流和波峰工艺，且单元板板宽尺寸 >60.0mm，在垂直传送边的方向上拼版数量不应超过 2。如果单元板尺寸很小时，在垂直传送边的方向拼版数量可以超过 3，但垂直于单板传送方向的总宽度不能超过 150.0mm，且需要在生产时增加辅助工装夹具以防止单板变形，如图 12-41 所示。

　　g. 拼版的基准点。

　　外形 / 大小：直径为 1.0mm 实心圆。阻焊开窗：圆心为基准点圆心，直径为 2.0mm 圆形区域。保护铜环：中心为基准点圆心，对边距离为 3.0mm 的八边形铜环。如图 12-42 所示。

图 12-41　拼版数量图示

图 12-42　拼版的基准点图示

$d = 1.0\text{mm}$

$D = 2.0\text{mm}$

　　拼版基准点放置在辅助边上并呈 "L" 形分布，基准点距板边距离 ≥ 6.0mm，基准点之间尽量远离，具体如图 12-43 所示。采用镜像对称拼版时，辅助边上的基准点需要满足翻转后重合的要求。

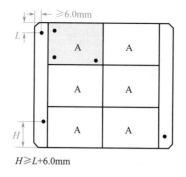

图12-43 拼版基准点的位置图示

12.9 自动插设计

❶ PCB 变形允许范围如图 12-44 所示。

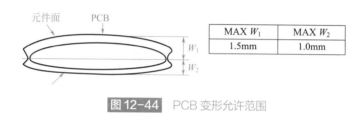

MAX W_1	MAX W_2
1.5mm	1.0mm

图12-44 PCB 变形允许范围

❷ 机插盲区为如图 12-45 画有剖线的区域所示，如该部分确需布件，需采用手工插件。

❸ 边沿若要开口，其开口宽度不要超过 3mm，深度不要超过 30mm。开口与附近边角的距离要大于 35mm；同一边上不要超过 5 个开口，尽量避免在长边上开口，如图 12-46 所示。

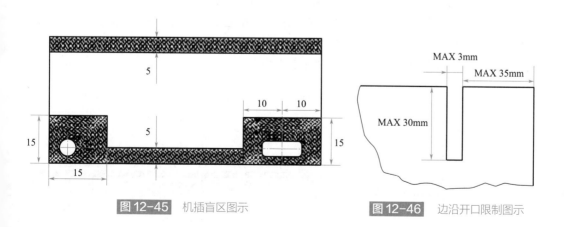

图12-45 机插盲区图示

图12-46 边沿开口限制图示

❹ 为防止工装、夹具等损伤印制板边沿的印制线，印制板边沿 3mm 范围内禁布宽度 1mm 以下的走线。

[强制] 元器件密度：PCB 上元器件密度越大，自插机走位越小，因此效率越高。但是，元器件密度过大插件时，会打伤打断邻近元器件，损坏刀具。

a. 卧插元器件之间的最大密度

• 水平和垂直都平行的布件，各元器件之间本体距离≥ 0.2mm；

• 插件孔之间的距离≥ 3mm；

• 水平或垂直在同一线上部件，相邻插件孔之间的距离≥ 3mm；

• 水平或垂直在同一平行线上布件，本体和相邻插件孔距离≥ 1.8mm；

• 其它部件注意该元器件插件孔离周围元器件本体的垂直距离≥ 2.4mm，两插件孔的距离≥ 3.0mm，如图 12-47 所示。

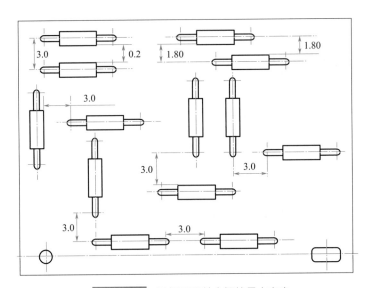

图 12-47　卧插元器件之间的最大密度

b. 卧插元器件与贴装元器件之间的密度：元器件本体、元器件引脚与贴装元器件最小距离为 3mm，零件脚弯曲度数为 15°～ 45°（可调），如图 12-48 所示。

c. 立插元器件之间及与卧插元器件之间的最大密度：立插元器件的排布应考虑已卧插元器件对立插元器件的影响，还应避免立插元器件引脚向外成形时可能造成的相邻元器件引脚连焊（直接相碰或过波峰焊时挂锡），如图 12-49 所示。

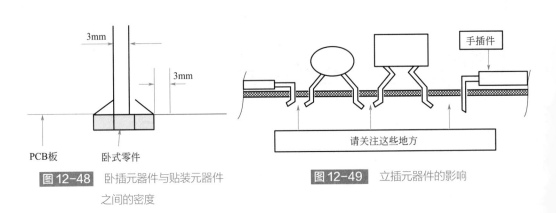

图 12-48　卧插元器件与贴装元器件
　　　　　之间的密度

图 12-49　立插元器件的影响

相邻立插元器件本体（包括引脚）之间的最小距离应不小于 1.0mm；插件孔和相邻的元器件本体距离应不小于 3.0mm；立插元器件与卧插元器件之间应有适当的间距，立插元器件插件孔和相邻的卧插元器件本体距离不小于 2.0mm，如该两插件孔在同一水平上，则要求距离不小于 2.5mm，该两元器件本体和本体之间的距离不小于 0.5mm，如图 12-50 所示。

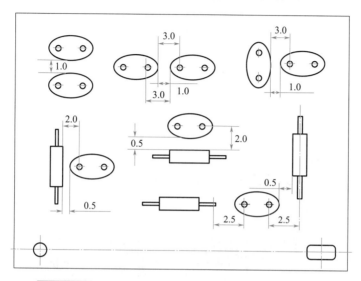

图 12-50 立插元器件之间及与卧插元器件之间的最大密度

d. 立插元器件与 SMT 元器件之间的最大密度如图 12-51 所示。

由于立式插件机的元器件剪断弯脚部件在进行立式插件时会与 PCB 的正反面有较近的距离，因此正反面的 SMT 元器件与立式元器件孔的距离要求如下：

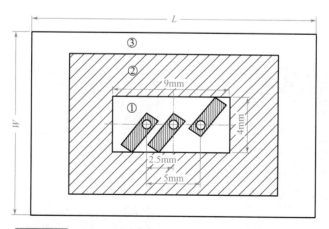

图 12-51 立插元器件与 SMT 元器件之间最大密度要求图示

- （W）4mm×（L）9mm 的范围内不可有 SMT 元器件。
- （W）10mm×（L）16mm 的范围内不可有高度大于 1mm 的 SMT 元器件。
- （W）13mm×（L）22mm 的范围内不可有高度大于 5mm 的 SMT 元器件。

⑤ 卧插元器件孔偏斜范围：PCB 在布直插元器件时，各元器件插件孔尽量和 PCB 板边垂直或平行（0°/90°）；如确认需偏斜时，注意两元器件插件孔平行的最小距离应小于 0.05mm，如图 12-52 所示。

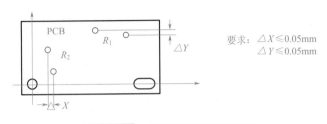

图 12-52　卧插元器件孔偏斜范围

⑥ 辅助边与辅助块：

a. 元器件布局不能满足传送边宽度要求（板边 5mm 禁布区）时，应采用加辅助边的方法（建议 10mm），如图 12-53 所示。

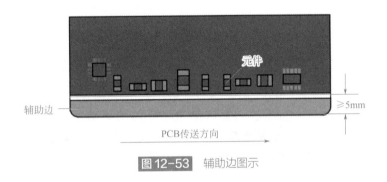

图 12-53　辅助边图示

b. PCB 板边有缺角或不规则的形状时，应加辅助块补齐，如图 12-54 所示。

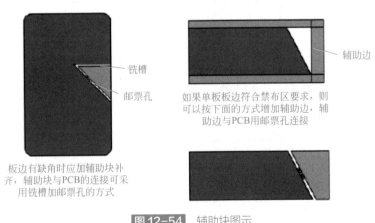

图 12-54　辅助块图示

c. 板边和板内空缺处理：当板边有缺口，或板内有大于 35mm×35mm 的空缺时，建议在缺口增加辅助块，以便 SMT 和波峰焊设备加工，辅助块与 PCB 的连接一般采用铣槽＋邮票孔的方式，如图 12-55 所示。

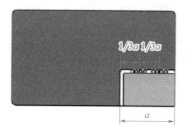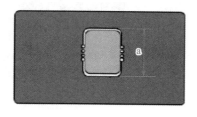

当辅助块的长度 $a \geqslant 50\text{mm}$ 时，辅助块与 PCB 的连接应有两组
邮票孔；当 $a < 50\text{mm}$ 时，可以用一组邮票孔连接

图 12-55 空缺处理图示

❼ 铣槽和邮票孔：推荐铣槽的宽度为 2mm，铣槽常用于单元板之间需留有一定距离的情况，邮票孔的孔间距为 1.5mm，两组邮票之间推荐距离为 50mm，如图 12-56 所示。

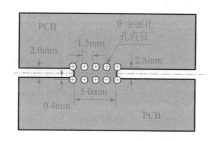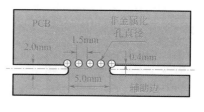

图 12-56 铣槽和邮票孔图示

❽ V-CUT 工艺：

a. 当板与板之间为直线连接，边缘平整且不影响元器件安装的 PCB 可用此种连接。V-CUT 为直通型，不能在中间转弯。

b. V-CUT 设计要求的 PCB 推荐的板厚 ≤ 3.0mm。由于最小有效厚度的限制，对厚度小于 1.2mm 的板，不宜采用 V 形槽拼板方式。如需加工 V 形槽，必须在加工单上说明 V 形槽加工要求。

c. V-CUT 线两面（Top 和 Bottom 面）要求各保留不小于 1mm 的元器件禁布区，以避免分板时损坏元器件，如图 12-57 所示。

d. V-CUT 板厚设计要求，如图 12-58 所示。

e. V-CUT 的边缘到线路（或焊盘）边缘的安全距离 "S"，以防止线路损伤或露铜，一般要求 $S \geqslant 0.3\text{mm}$，如图 12-59 所示。

❾ 回流焊贴装元器件的工艺要求：

a. 较重的元器件（如电感、变压器等）元器件布局面 Top 面，防止掉件。

b. 防止较高元器件布置在较低元器件旁时影响焊点的检测，一般要求视角 ≤ 45°（目视检查），如图 12-60 所示。

c. BGA 面阵列元器件尽量不放在背面，当背面必须放阵列元器件时，不能在正面面阵列元器件 8mm 禁布区的投影范围内。如图 12-61 所示。

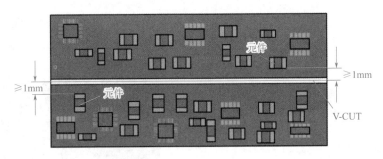

图 12-57 V-CUT 分板 PCB 禁布图示

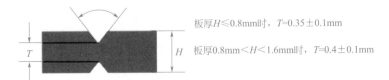

板厚H≤0.8mm时，T=0.35±0.1mm

板厚0.8mm<H<1.6mm时，T=0.4±0.1mm

图 12-58 V-CUT 板厚设计要求

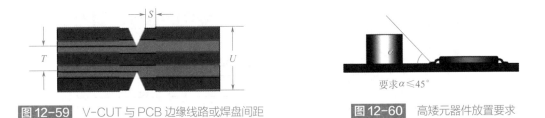

图 12-59 V-CUT 与 PCB 边缘线路或焊盘间距

要求α≤45°

图 12-60 高矮元器件放置要求

此区域不能布放BGA等面阵列元件

图 12-61 BGA 元器件禁布区

d. 贴装元器件之间的距离要求：

同种元器件：≥0.3mm；

异种元器件：≥$0.13h + 0.3$mm（h 为周围近邻元器件最大高度差），如图 12-62 所示。

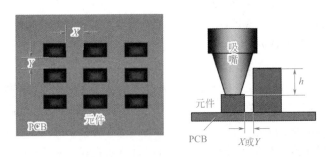

图 12-62 贴装元器件之间距离图示

距离值以焊盘和元器件体两者中的较大者为测量体，表 12-9 中括号内的数据为考虑可维修性的设计下限。

◎ 表 12-9　贴装同种和异种元器件之间的距离要求　　　　　　　　　　　单位：mm

元器件代号	0402 ~ 0805	1206 ~ 1810	STC 3528 ~ 7343	SOT、SOP	SOJ、PLCC	QFP	BGA
0402 ~ 0805	0.40	0.55	0.70	0.65	0.70	0.45	5.00（3.00）
1206 ~ 1810		0.45	0.65	0.50	0.60	0.45	5.00（3.00）
STC 3528 ~ 7343			0.50	0.55	0.60	0.45	5.00（3.00）
SOT、SOP				0.45	0.50	0.45	5.00
SOJ、PLCC					0.30	0.45	5.00
QFP						0.30	5.00
BGA							8.00

⑩ 波峰焊插装元器件工艺要求：

a. 波峰焊工艺主要用于插装元器件的焊接并且在 SMT 元器件经过回流焊工艺后，建议贴装元器件尽量放置在 Top 层，如果在 Bottom 层放置贴装元器件需远离插装元器件区域，否则治具无法遮挡的情况下会发生掉件。过波峰焊接在 PCB 板 Top 层上 SMT 元器件底下不能有过孔或者过孔要盖绿油。

b. 插装元器件都必须放置在正面并且插装元器件通孔焊盘与传送边的距离≥ 10mm，与非传送边距离≥ 5mm。

［强制］多个管脚在同一直线上的元器件，像连接器、DIP 封装元器件、T220 封装元器件，布局时应使其轴线和波峰焊方向平行。较轻的元器件如二极管和 1/4W 电阻等。布局时应使其轴线和波峰焊方向垂直，这样能防止过波峰焊时因一端先焊接凝固而使元器件产生浮高现象，如图 12-63 所示。

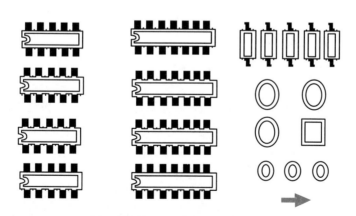

图 12-63　元器件布局过峰方向图示

c. 相邻元器件本体之间的距离≥ 0.5mm，如图 12-64 所示。

d. 满足手工焊接和维修的烙铁操作空间要求，如图 12-65 所示。

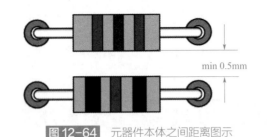

图 12-64 元器件本体之间距离图示

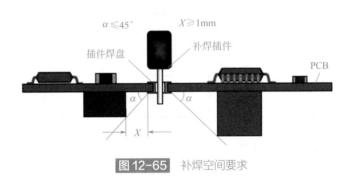

图 12-65 补焊空间要求

e. 每排管脚数较多时，以焊盘排列方向平行于进板方向布置元器件。当布局上有特殊要求，焊盘排列方向与进板方向垂直时，应在焊盘设计上采取适当措施扩大工艺窗口，如椭圆焊盘的应用。当相邻焊盘边缘间距为 0.6～1.0mm 时，推荐采用椭圆形焊盘或加偷锡焊盘。当需要椭圆形焊盘封装时可以向元器件库管理员申请添加，偷锡焊盘单独添加即可，如图 12-66 所示。

图 12-66 偷锡焊盘和椭圆形焊盘图示

12.10 标识要求

❶ 放置标识

a. 标识的内容包括 PCB 名称、PCB 版本、元器件序号、元器件极性和方向标志、安装孔位置代号、元器件、连接器第一脚位置代号、过板方向标志、防静止标志、散热器丝印、核心板框、多层板标识、日期等。

b. 调整字符。所有字符不可以上盘，要保证装配以后还可以清晰看到字符信息。所有字符在 X 或 Y 方向上应一致。字符、丝引大小要统一，受限于板面大小等特殊情况无法放置字符时可以不放置。

c. PCB 板名、版本号：板名、版本应放置在 PCB 的 Top 面，板名、版本丝印在 PCB 上并优先水平放置。板名丝印的字体大多以方便以为原则。Top 面和 Bottom 应分别标注 "T" 和 "B" 丝印。

d. 元器件丝印：元器件、安装孔、定位孔以及定位识别点都对应的丝印标号，且位置清楚、明确。丝印字符、极性与方向的丝印标志不能被元器件覆盖。卧装元器件在其相应位置要有丝印外形（如卧装电解电容），尽量放在元器件的上方或左侧。需要安装散热器的功率芯片，若散热器投影比元器件大，用丝印画出散热片的真实尺寸大小。

e. 安装孔、定位孔在 PCB 上的位置代号建议为"H"，如 H1。

❷ 二维码框 二维码框在 PCB 上水平放置。

a. 二维码框的位置如图 12-67 所示（不满足时可以放置在连接器或其他大型平面不发热的元器件上）。

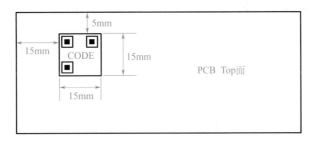

图 12-67 二维码框放置图示

b. 二维码框与表面贴装元器件的距离需要满足要求，以免影响印锡质量。如图 12-68，表 12-10 所示。

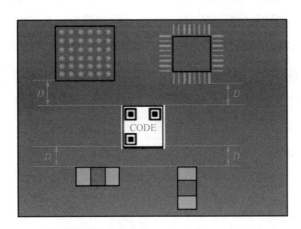

图 12-68 二维码框与贴装元器件距离图示

◇ 表 12-10 二维码框与贴装元器件距离要求

元件种类	SOP、QFP、面阵列元件	0603 以上 SMD 元件
条码距元件最小距离 D	10mm	5mm

c. 波峰过板方向：对波峰焊接过板方向有明确要求的 PCB 需要标识出过板方向，适用情况：PCB 设计了偷锡焊盘、泪滴焊盘或元器件波峰焊接方向有特定要求等，如图 12-69 所示。

d. 防静电标识：防静电标识丝印优先放置在 PCB 的 Top 面上，如图 12-70 所示。

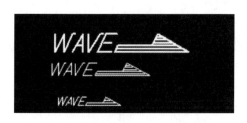

图 12-69　过峰方向标识

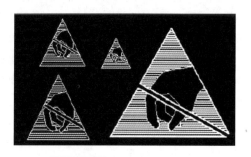

图 12-70　防静电标识

e. 高压注意标识：高压注意标识丝印优先放置在 PCB 的 Top 面上，危险电压区域部分应用 40mil 宽的虚线与安全电压区域隔离，如图 12-71 所示。

f. 无铅标识：标识丝印优先放置在 PCB 的 Top 面上，如图 12-72 所示。

图 12-71　高压注意标识

图 12-72　无铅标识

g. 多层板的层标识和命名：在 4 层板及以上层板上要加上层的编号。

• 多层板层的编号原则：编号从顶层到底层，如表 12-11 所示。

◇ 表 12-11　多层板层的编号

对于 4 层板		对于 6 层板	
顶层	1	顶层	1
中间 1 层	2	中间 1 层	2
中间 2 层	3	中间 2 层	3
底层	4	中间 3 层	4
		中间 4 层	5
		底层	6

• 多层板的边缘层标记（Edge Layer Marking）：在板的边缘上，放长 1.6mm，宽 1.0mm 的铜，放在各自的层上。每层的边缘层标识排列为从顶层到底层分别为从左到右依次排列，

如图 12-73 所示。

- 如图 12-74 是一个 6 层板的标注示例：其中的黑色小方块为边缘层标记。

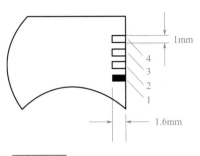

图 12-73 多层板的边缘层标记图示

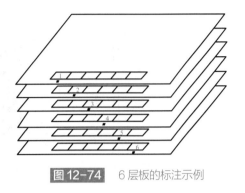

图 12-74 6 层板的标注示例

12.11 EMC 设计

❶ 信号回路最小规则：信号线与其回路构成的环面积要尽可能小。环面积越小，对外的辐射越少，接收外界的干扰也越小。针对这一规则，在地平面分割时，要考虑到地平面与重要信号走线的分布，防止由于地平面开槽等带来的问题，在双层板设计中，在为电源留下足够空间的情况下，应该将留下的部分用参考地填充，且增加一些必要的过孔，将双信号有效连接起来，如图 12-75所示。

❷ 电源回路最小规则：即电源与地构成回路的环面积要尽可能小，如图 12-76 所示。

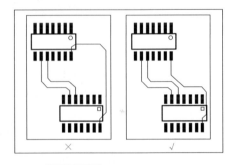

图 12-75 信号回路最小示例

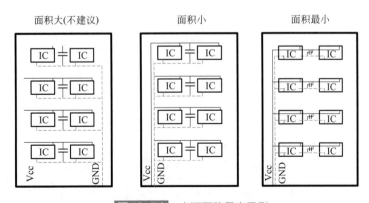

图 12-76 电源回路最小示例

❸ 线路屏蔽规则：实际上也是为了尽量减小信号的回路面积，多见于一些比较重要的

信号，如时钟信号，同步信号；对一些特别重要，频率特别高的信号，应该考虑采用同轴电缆屏蔽结构设计，即将所布的线上下左右用地线隔离，而且还要考虑好如何有效地让屏蔽地与实际地平面有效结合，如图 12-77 所示。

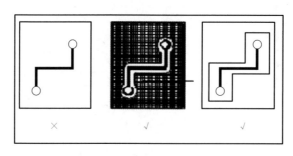

图 12-77　线路屏蔽示例

④ 电源去耦规则：为了防止电源线较长时，电源线的耦合杂讯直接进入负载元器件，应在进入每个元器件之前，先对电源去耦，且为了防止它们彼此间的相互干扰，对每个负载的电源独立去耦，并做到先滤波再进入负载，如图 12-78 所示。

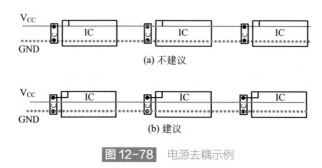

图 12-78　电源去耦示例

⑤ 接地良好规则：在布线中应保持接地良好，如图 12-79 所示。

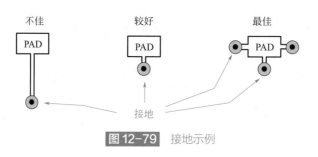

图 12-79　接地示例

⑥ 时钟线处理规则：作为对 EMC 影响最大的因素之一，时钟线应少打过孔，尽量避免和其他信号线并行走线，且应远离一般信号线，避免对信号线的干扰。同时应避开板上的电源部分，以防止电源和时钟互相干扰。当一块电路板上用到多个不同频率的时钟时，两根不同频率的时钟线不可并行走线，时钟线还应尽量避免靠近输出接口，防止高频时钟耦合到输

出线上并沿线发射出去，如图 12-80 所示。

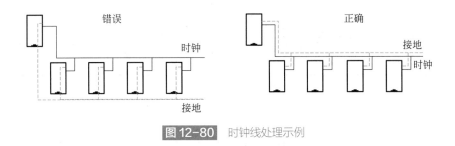

图 12-80 时钟线处理示例

❼ 差分信号线走线规则：成对出现的差分信号线，一般平行走线，线宽和线距保持一致，尽量少打过孔，必须打孔时，应两线一同打孔，以做到阻抗匹配。

❽ 总线走线规则：相同属性的一组总线，应尽量并排走线，线宽和线距保持一致，做到尽量等长，尽量少打过孔，必须打孔时，应两线一同打孔。

❾ 电源与地层间限制规则：电源层和地层之间的 EMC 环境较差，应避免布置对干扰敏感的信号线。

❿ 阻抗控制规则：有阻抗要求的网络应布置在阻抗控制层上，相同阻抗的差分网络应采用相同的线宽和线间距。

⓫ 串扰控制规则：串扰（CrossTalk）是指 PCB 上不同网络之间因较长的平行布线引起的相互干扰，主要是由于平行线间的分布电容和分布电感的作用。克服串扰的主要措施是：加大平行线的间距，遵循 $3W$ 规则；线间距不够时可在平行线间插入接地的隔离线，减少布线层与地平面的距离。

⓬ 走线开环检查规则：不允许出现一端浮空的布线，避免产生"天线效应"，减少不必要的干扰辐射，如图 12-81 所示。

⓭ 走线闭环检查规则：防止信号线在不同层间形成自环。在多层板设计中容易发生此类现象，自环将引起辐射干扰。如图 12-82 所示。

⓮ 走线的谐振规则：主要针对高频信号设计而言，即布线长度不得与其波长成整数倍关系，以免产生谐振现象，如图 12-83 所示。

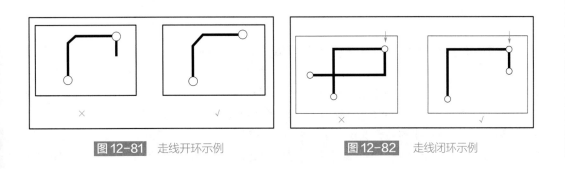

图 12-81 走线开环示例   图 12-82 走线闭环示例

⓯ 走线长度控制规则：即短线规则，在设计时应该让布线长度尽量短，以减少由于走线过长带来的干扰问题，特别是一些重要信号线，如时钟线，务必将其振荡器放在离元器件

很近的地方（区别于总线类型），如图 12-84 所示。

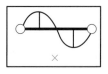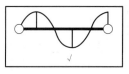

图 12-83　走线谐振示例

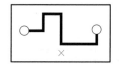

图 12-84　走线长度示例

⑯ 走线方向控制规则：即相邻层的走线方向成正交结构，避免将不同的信号线在相邻层走成同一方向，以减少不必要的层间窜扰，当由于板结构限制（如某些背板）难以避免出现该情况，特别是信号速率较高时，应考虑用地平面隔离各布线层，用地信号线隔离各信号线，如图 12-85 所示。

⑰ 倒角规则：PCB 设计中应避免产生锐角和直角否则产生不必要的辐射，同时工艺性能也不好。

⑱ 走线规则：输入、输出信号尽量避免相邻平行走线，高压低压线最好在线间加地线，以防反馈耦合、高频信号线尽可能短。双面板电源线、地线的走向最好与数据流向一致，以增强抗噪声能力。

⑲ 数字地、模拟地分区规则：数字地、模拟地要分开，对低频电路，应尽量采用单点并联接地；高频电路宜采用多点串联接地。对于数字电路，地线应闭合成环路，以提高抗噪声能力，如图 12-86 所示。

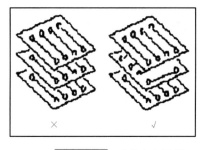

图 12-85　走线方向示例

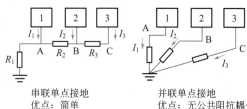

串联单点接地
优点：简单
缺点：公共阻抗耦合

并联单点接地
优点：无公共阻抗耦合
缺点：接地线过多

图 12-86　接地示例

⑳ 数字地和模拟地接驳规则：如果数字地和模拟地不是一个完整平面而进行地线层进行分割，而且必须由分割之间的间隙布线，可以先在被分割的地之间进行单点连接，形成两个地之间的连接桥（ADC 转换器跨分区放置，最好是数字地和模拟地在 ADC 跨分区处形成连接桥），然后由该连接桥布线。这样，在每一个信号线的下方都能够提供一个直接的电流回流路径，从而使形成的环路面积很小，如图 12-87 所示。

㉑ 孤立铜区控制规则：孤立铜金黄色也叫铜岛，它的出现，将带来一些不可预知的问题，因此将孤立铜区与别的信号相连，有助于改善信号质量。通常是将孤立铜区接地或删除，在实际的制作中，可将板的一些空置部分增加了一些铜箔，这主要是为了方便印制板加工，同时对防止印制板翘曲也有一定的作用，如图 12-88 所示。

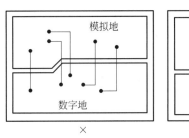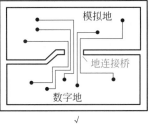

图 12-87 模拟地和数字地接驳示例

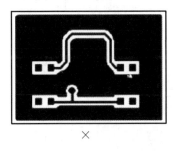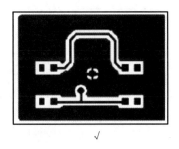

图 12-88 孤立铜区控制示例

㉒ 电源与地层完整性规则：对于导通孔密集的区域，要注意避免在电源和地层的挖空区域相互连接。形成对平面层的分割，从而破坏平面层的完整性，并进而导致信号线在地层的回路面积增大。整地线路板布线、打孔要均匀，避免出现明显的疏密不均的情况。当印制板的外层信号有大片空白区域时，应加辅助线使板面金属线分布基本平衡，如图 12-89 所示。

㉓ 重叠电源与地层规则：不同电源层在空间上要避免重叠，主要是为了减少不同电源之间的干扰，特别是一些电压相差很大的电源之间，电源平面的重叠问题一定要设法避免，其分隔宽度要考虑不同的电源之间的电位差，电位差大于 12V 时，分隔宽度大于 50mil，反之，可选 20 ～ 25mil，核心小板等可以使用小到 15mil 宽分割线，条件允许的情况下，分隔线应尽量宽，难以避免时可考虑中间隔地层，如图 12-90 所示。

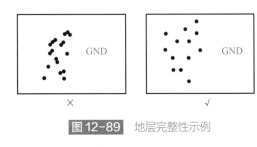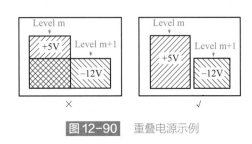

图 12-89 地层完整性示例　　　　　**图 12-90** 重叠电源示例

㉔ 3W 规则：为了减少线间串扰，应保证线间距足够大，当线中心距不小于 3 倍线宽时，则可保持 70% 的电场不互相干扰，称为 3W 规则。如要达到 98% 的电场不互相干扰，可使用 10W 规则。如图 12-91 所示。

图 12-91 3W 图示

㉕ 20H 规则：由于电源层与地层之间的电场是变化的，在板的边缘会向外辐射电磁干扰，称为边缘效应。可以将电源层内缩，使得电场只在接地层的范围内传导。以一个 H（电源和地之间的介质厚度）为单位，若内缩 20H，则可以将 70% 的电场限制在接地边沿内；内缩 100H 则可以将 98% 的电场限制在内，如图 12-92 所示。

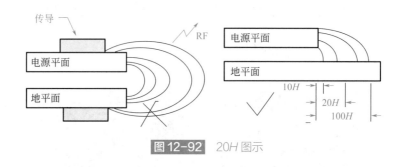

图 12-92 20H 图示

㉖ 五五规则：印制板层数选择规则，即时钟频率到 5MHz 或脉冲上升时间小于 5ns，则 PCB 板须采用多层板，这是一般的规则，有的时候出于成本考虑，采用双层板结构时，这种情况下，最好将印制板的一面作为一个完整的地平面。

㉗ 地层连接规则：一般 EMI 的测试范围最高为 1GHz，那么 1GHz 信号的波长为 30cm，1GHz 信号 1/4 波长为 7.5cm = 2952mil。也即过孔的间隔如果能够小于 2952mil 的间隔，就可以很好地满足地层的连接，起到良好的屏蔽作用。推荐每 1000mil 打地过孔就足够了。

12.12　安规设计

❶ 认证产品 PCB 安规要求遵循认证方的相关标准要求（如 EN50124-1—2001《Part1：Basic requirements-Clearances and creepage distances for all electrical and electronic equipment》）。

❷ 非认证产品 PCB 安规要求符合国标规定（如 PCB 材料等详细要求 GB/T 4588.3—2002《印制板的设计与使用》、电气间隙和爬电距离确定方法可参照 GB/T 16935.5—2008《低压系统内设备的绝缘配合》）。

❸ 如果 PCB 两导体在施以 10N 力可使距离缩短，小于安规距离要求时，需设计点胶固定此零件的工艺，保证其电气间隙。

❹ PCB 的原边、副边隔离带标示清楚，中间有虚线标识。

❺ 防火阻燃要求：如果存在防火阻燃等级要求时需选择对应的 PCB 材料。

❻ 电源接口标示：交流峰值高于 42.4V AC 或直流超过 60V AC 的部分并且为单独引出线的（非连接器）需标示额定电压范围、额定电流范围、频率范围，如果为多相需标明相序（有连接器的建议标示），保护接地需进行标示。

❼ 防腐蚀要求：PCB 板上的元器件金属外壳需接大地或保证电位差不超过 0.6V DC。

❽ 可靠性要求较高或隔离度要求较高的时候应加大线宽和线间距、元器件摆放间隔，增加电气间隙和爬电距离，平面距离无法增加时可采用开槽方式处理。

第十三章

印制电路板的设计
与制作

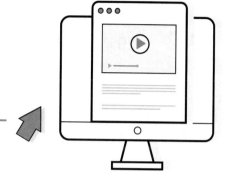

13.1　印制电路板的组装方式

印制电路板是在覆铜板上完成印制线路工艺加工的成品板，起到电路元器件之间的电气连接的作用，同时印制电路板提供集成电路等各种电子元器件固定装配的机械支撑、实现集成电路等各种电子元器件之间的布线和电气连接或电绝缘、提供所要求的电气特性（如特性阻抗等），同时为自动锡焊提供阻焊图形，为元器件插装、粘装、检查、维修提供识别字符标记图形。采用印制电路板后，电子产品的稳定性、可靠性大大提高，缩小了产品的体积，适合生产线大批量的生产。

印制电路板的组装是指把电阻器、电容器、晶体管、集成电路等电子元器件插装到印制电路板上，以及对其进行焊接的过程。由于插装元器件的方法和焊接方式的不同，组装方式一般分为以下四种。

（1）全部采用手工插装，手工焊接方式

该种组装方式只适用于小规模、小批量的生产方式，以及电子爱好者制作应用。它的最大优势是不需要设备，成本低廉，只需要熟练的技能即可，效率最低。

（2）全部采用手工插装，自动焊接方式

该种组装方式由于元器件采用手工插装，所以很容易产生插错位置和管脚极性颠倒等错误现象，这样给产品质量带来了隐患，故目前应用该种方式的不是很多。

（3）一部分元器件采用自动插装，全部采用自动焊接方式

该种组装方式是对大部分元器件采用自动插装方式，对少数体积较大和有特殊要求的元器件采用手工插装方式。由于大部分元器件采用自动插装方式，这将有效地抑制插装错误的产生，使生产效率大为提高，生产质量得到有效保障，加之自动化的焊接，便可适用于大批量的生产，该种组装方式是目前应用最为普遍的一种。

(4) 全部采用自动插装，自动焊接方式

该种组装方式是较为先进的一种组装方式，具有速度快、准确度高、几乎无差错的特点。由于科技水平的不断提高和发展，以及对产品小型化的要求，此种组装方式越来越得到广泛的应用。

13.2 印制电路板设计

印制电路板设计是按照设计人员的意图，将电原理图转换为印制电路板图，并确定加工技术要求的过程。一般分为人工设计、计算机辅助设计两种方式。由于现代电子产品结构越来越复杂，所以现在的印制电路板设计基本都采用计算机辅助设计。

13.2.1 印制电路板设计要求

印制电路板设计要求：印制电路板材质的选择、尺寸、形状、元器件的位置、印制导线的宽度、焊盘的直径、孔径、地线要求、抗干扰要求、外部连接等。

(1) 印刷电路板的设计

首先从确定板的尺寸大小开始，印刷电路板的尺寸因受机箱外壳大小限制，以能恰好安放入外壳内为宜，其次，应考虑印刷电路板与外接元器件（主要是电位器、插口或另外印刷电路板）的连接方式。印刷电路板与外接元器件一般是通过塑料导线或金属隔离线进行连接。但有时也设计成插座形式（在设备内安装一个插入式印刷电路板要留出充当插口的接触位置）。对于安装在印刷电路板上的较大的元器件，要加金属附件固定，以提高耐振、耐冲击性能。

(2) 布线图设计的基本要求

首先需要对所选用元器件器及各种插座的规格、尺寸、面积等有完全的了解；对各部件的位置安排做合理的、仔细的考虑，主要是从电磁场兼容性，抗干扰，走线短，交叉少，电源，地的路径及去耦等方面考虑。各部件位置定出后，就是各部件的连线问题，按照电路图连接有关引脚，完成的方法有多种，印刷线路图的设计有计算机辅助设计与手工设计方法两种。

最原始的是手工排列布图，较为复杂，往往要反复几次，才能完成，这在没有其它绘图设备时也可以，这种手工排列布图方法对刚学习印刷板图设计者来说也是很有帮助的。计算机辅助制图，现在有多种绘图软件，功能各异，但总的说来，绘制、修改较方便，并且可以存盘储存和打印。

接着，确定印刷电路板所需的尺寸，并按原理图，将各个元器件位置初步确定下来，然后经过不断调整使布局更加合理，印刷电路板中各元器件之间的接线安排方式如下：

❶ 印刷电路中不允许有交叉电路，对于可能交叉的线条，可以用"钻""绕"两种办法解决。让某引线从别的电阻、电容、三极管脚下的空隙处"钻"过去，或从可能交叉的某条引线的一端"绕"过去，在特殊情况下如果电路很复杂，为简化设计也允许用导线跨接，解决交叉电路问题。

❷ 电阻、二极管、管状电容器等元器件有立式、卧式两种安装方式。立式指的是元器件体垂直于电路板安装、焊接，其优点是节省空间，卧式指的是元器件体平行并紧贴于电路

板安装、焊接，其优点是元器件安装的机械强度较好。这两种不同的安装元器件，印刷电路板上的元器件孔距是不一样的。

❸ 同一级电路的接地点应尽量靠近，并且本级电路的电源滤波电容也应接在该级接地点上。特别是本级晶体管基极、发射极的接地点不能离得太远，否则两个接地点间的铜箔太长会引起干扰与自激，采用这样"一点接地法"的电路，工作较稳定，不易自激。

❹ 总地线必须严格按高频—中频—低频一级级地按弱电到强电的顺序排列，切不可随便翻来覆去乱接，级与级间宁可接线长些，也仍要遵守这一规定。特别是变频头、再生头、调频头的接地线安排要求更为严格，如有不当就会产生自激以致无法工作。调频头等高频电路常采用大面积包围式地线，以保证有良好的屏蔽效果。

❺ 强电流引线（公共地线，功放电源引线等）应尽可能宽些，以降低布线电阻及其电压降，可减小寄生耦合而产生的自激。

❻ 阻抗高的走线尽量短，阻抗低的走线可长一些，因为阻抗高的走线容易发笛和吸收信号，引起电路不稳定。电源线、地线、无反馈元器件的基极走线、发射极引线等均属低阻抗走线，射极跟随器的基极走线、收录机两个声道的地线必须分开，各自成一路，一直到功效末端再合起来，如两路地线连来连去，极易产生串音，使分离度下降。

13.2.2 印制电路板设计步骤及注意事项

13.2.2.1 印制电路板设计步骤

(1) 合适的印制电路板

印制电路板一般用覆铜板制成，常用的覆铜板介绍见13.1节。覆铜板的选用有三点。一是材料，覆铜板材料选用时要从所要求的电气性能、可靠性、加工工艺要求和经济指标等全方面考虑。不同材料的层压板有不同的特点。环氧树脂与铜箔有极好的黏合力，因此铜箔的附着强度和工作温度较高，可以在260℃的熔锡中不起泡。环氧树脂浸过的玻璃布层压板受潮气的影响较小。超高频电路板最好是覆铜聚四氟乙烯玻璃布层压板。在要求阻燃的电子设备上，还需要阻燃的电路板，可以采用浸入了阻燃树脂的电路板。二是厚度，电路板的厚度应该根据电路板的功能、所装元器件的重量、电路板插座的规格、电路板的外形尺寸和承受的机械负荷等因素来决定。主要是应该保证足够的刚度和强度。三是尺寸，从成本、铜膜线长度、抗噪声能力方面考虑，电路板尺寸越小越好，但是板尺寸太小，则散热不良，且相邻的导线容易引起干扰。电路板的制作费用是与电路板的面积相关的，面积越大，造价越高。在设计具有机壳的电路板时，电路板的尺寸还受机箱外壳大小的限制，一定要在确定电路板尺寸前确定机壳大小，否则就无法确定电路板的尺寸。一般情况下，在禁止布线层中指定的布线范围就是电路板尺寸的大小。电路板的最佳形状是矩形，长宽比为3∶2或4∶3，当电路板的尺寸大于200mm×150mm时，应该考虑电路板的机械强度。总之，应该综合考虑利弊来确定电路板的选用。

(2) 印制电路板元器件的布局与布线

这里以单面印制板的制作技术为重点加以介绍。

❶ 印制电路板元器件的布局：印制电路板布局的基本原则是：第一，保证电路的电气性能；第二，便于产品的生产、维护和使用；第三，导线尽可能短。

由于元器件的管脚之间存在着分布电容，一些电感元器件的周围存在着磁场，连接各元器件的导线也存在电阻、电容和电感，外部干扰也会影响电路性能，因此，这些因素的相互作用将产生不利影响。布局的首要任务就是合理地安排元器件位置，减小不利因素的影响。

a. 在通常情况下，无论是单面印制板还是双面印制板，所有元器件均应布置在印制电路板的同一面，以便检查、加工、安装和维修。对于单面印制板的元器件，只能安装在没有印制电路铜箔的一面。

b. 板面上的元器件应尽量按电路原理图顺序呈直线排列，并力求将电路安排紧凑、整齐，各级走线尽可能近，且输入、输出走线不宜并列平行。这点对高频和宽带电路尤为重要。对于三个管脚以上的元器件，必须按管脚顺序放置，避免管脚扭曲。

c. 印制板上常含有多个单元电路，一般情况下，各单元电路的位置应按信号的传输关系来安排，传输关系紧密的就安排在相邻位置。模拟电路和数字电路应尽量分开，大功率电路与小信号电路也尽量分开。倘若由于板面有限，无法在一块印制板上安装下全部电子元器件，或是出于屏蔽的目的必须把整机分成几块印制板安装，则应使每一块装配好的印制电路构成独立的功能，以便单独调试、检验和维修。

d. 为便于缩小体积或提高机械强度，可在主要的印制板之外再安装一块乃至多块辅助底板。辅助底板可以是金属的，也可以是印制板或绝缘板。我们可以将一些笨重器件，如变压器、扼流圈、大电容器、继电器等安装在辅助底板上，并利用附件将它们紧固。

e. 对于辐射电磁场较强的元器件或电磁感应较灵敏的元器件，安装时可以加大它们相互之间的距离或加以屏蔽。元器件放置的方向，应与相邻的印制导线交叉。特别是电感器件，要注意采取防止电磁干扰的措施。

f. 重而大的元器件，尽量安置在印制板上靠近紧固端的位置，并降低重心，以提高机械强度和耐振、耐冲击能力，减少印制板的负荷变形。

g. 在保证电气性能的前提下，元器件应相互平行或垂直排列，元器件之间的距离要合理，以求整齐、美观。一般情况下，不允许将元器件重叠起来。若是为了紧缩平面尺寸非重叠不可时，则必须把元器件用机械支撑件加以固定。

h. 需要通过印制接头与外部电路相连的元器件，尤其是产生大电流信号或重要脉冲的集成电路块，应尽量布置在靠近插头的板面上。

i. 时钟脉冲发生器及时序脉冲发生器等信号源电路，在布局上应考虑有较宽裕的安装位置，以减少和避免对其他电路的干扰。

j. 装在振动装置上的电子电路，印制板上的元器件轴向应与机器的主要振动方向一致。

确定印制板尺寸的方法是：先把决定要安装在一块印制板上的集成块和其他元器件全部按布局要求排列在一张纸上。排列时，要随时调整以使得印制板的长宽比符合或接近实际要求的长宽比。各个元器件之间应空开一定的间隙，一般为 5～15mm，有特殊要求的电路还应放宽。如果间隔太小，将使布线困难，元器件不易散热，调试维修不方便；间隔太大，印制板的尺寸就大，由印制导线电阻、分布电容和电感等引起的干扰也就会增加。待全部元器件都放置完毕后，印制板的大致尺寸就知道了。如形成的印制板长宽比与实际要求有出入，可在不破坏布局的前提下，对长宽进行适当的调整。

❷ 印制电路板的布线：元器件布局工作完成后，就可用铅笔在代表印制板的纸上画出各个元器件的轮廓，然后根据电路原理图安排，绘制各个元器件之间的连接线，即布线设计。布线设计是印制板设计中一项较费时的工作，灵活性很大。布线设计的基本考虑就是

如何使导线最短，同时要使导线的形状合理。在布线设计时如果发现布局不合理（如布线困难），还要调整布局。

a. 公共线（地线）一般布置在印制板最边缘，以便于印制板安装在机壳底座或机架上，也便于与机架（地）相连接。将电源、滤波、控制等低频元器件与直流导线靠边缘布置，高频元器件、高频管、高频导线布置在印制板中间，以减少它们对地线和机壳的分布电容。

b. 印制导线与印制板的边缘应留有一定的距离（不小于板厚），这不仅便于安装导轨并进行机械加工，而且还提高了绝缘性能。

c. 单面印制板的某些导线有时要绕着走或平行走，这样印制导线就比较长，不仅使引线电感增大，而且印制导线之间、电路之间的寄生耦合也增大。虽然对于低频电路印制板影响不显著，但对高频电路则必须保证高频导线、晶体管各电极的引线、输入和输出线短而直，并避免相互平行。若个别印制导线不能绕着走，则为了避免导线交叉，可用外接线（也叫"跨接线""跳接线"）。必须指出，高频电路应避免用外接导线跨接，若是交叉的导线较多，最好采用双面印制板，将交叉的导线印制在板的两面，这样可使导线短而直。用双面板时，两面印制线路应避免互相平行，以减少导线间的寄生耦合，两面印制线路最好成垂直布置或斜交，如图13-1所示。高频电路的印制导线长度和宽度要小，导线间距要大，这样可减小分布电容的影响。

d. 对外连接用接插形式的印制板，为便于安装，往往将输入、输出、馈电线和地线等均平行安排在板子的一边，如图13-2所示，1，5，11脚接地；10脚接电源；4脚输出；6脚输入。为减小导线间的寄生耦合，布线时应使输入线与输出线远离，并且输入电路的其他引线应与输出电路的其他引线分别布于两边，输入与输出之间用地线隔开。此外，输入线与电源线之间的距离要远一些，间距不应小于1mm。对于不用插接形式的印制板，为便于转接（外连接），各个接出脚也应放在印制板的同一边。

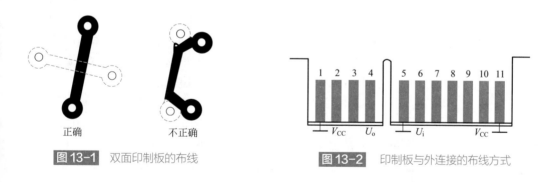

正确　　　不正确

图 13-1　双面印制板的布线

图 13-2　印制板与外连接的布线方式

e. 在印制电路板的排版设计中，地线的设计是十分重要的，这有时可能关系到设计的成败。印制板上每一级电路的接地元器件就近接地，地线短，引线电感小。当频率较高时，为减小地线阻抗，地线应有足够的宽度。频率越高，连接线也应越宽，以减小引线电感。最好采用大面积接地，即大面积铜箔均为地线。如果用的是双面印制板，则可在印制线路的反面，将相当于正面印制导线部分的铜箔去除，其余部分作为地线，这称作全地线印制板。大面积接地还具有一定的屏蔽作用，但会使元器件对地的分布电容增大。

当地线的面积较大，超过直径为25mm的圆区域时，应开局部窗口，使地线成为网状。这是因为大面积的铜箔在焊接时，受热后容易产生膨胀，造成脱落，也容易影响焊接质量。

f. 印制导线如果需要屏蔽，在要求不高时，可采用印制屏蔽线。如图 13-3 所示，其中，图（a）为单面板的印制屏蔽线的做法；图（b）为双面板的印制屏蔽线的做法；图（c）为单面板大面积地线屏蔽线的做法。当频率高达 100MHz 以上或屏蔽要求高时，采用上述方法不能满足导线屏蔽的要求。

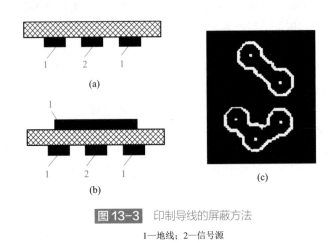

图 13-3 印制导线的屏蔽方法

1—地线；2—信号源

g. 若要屏蔽印制板上的元器件，可在元器件的外面套上一个屏蔽罩。在底板的另一面对应于元器件的位置再罩上一个扁形屏蔽罩（或金属板），将这两个屏蔽罩在电气上连接起来并接地，这样就构成了一个近似于完整的屏蔽盒。若是将对应于欲屏蔽元器件部分的铜箔保留起来，再将元器件上的屏蔽罩穿过印制板，与屏蔽用的保留铜箔连接起来接地，也能满足屏蔽要求。

h. 一般印制板的铜箔厚度为 35μm 左右，当这种铜箔形成一条宽 0.5mm、长 100mm 的印制导线时，其两端电阻约为 0.1Ω 左右。当通过较大的直流或脉冲电流时，其压降就较可观。因此，为减小电阻并使加工方便、可靠，印制导线的宽度通常不应小于 0.5mm，地线、电源线应放宽到 1.5 ～ 2.5mm，印制板周边地线还可以放宽到 5mm 以上。一般情况下，建议优先采用 0.5mm、1.0mm、1.5mm、2.0mm 的导线宽度，其中 0.5mm 的导线主要应用于微小型设备。

i. 印制导线的最小间距应不小于 0.5mm。若导线间的电压超过 300V 时，其间距不应小于 1.5mm。在高频电路中，导线间距大小会影响分布电容、分布电感的大小，从而影响信号损耗、电路稳定性等。因此，导线的间距应根据允许的分布电容和电感来确定。

j. 印制导线的图形在设计时应遵循几点：除地线外，同一印制板上导线的宽度尽量保持一致；印制导线的走线应平直，不应出现急剧的拐弯或尖角，所有弯曲与过渡部分均需用圆弧连接，其半径不得小于 2mm；应尽量避免印制导线出现分支，如果必须分支，则分支处应圆滑过渡。导线的形状如图 13-4 所示。

k. 常用的焊盘形状有方形、圆形、岛形和椭圆形，最常用的是圆形。焊盘的尺寸取决于穿线孔的尺寸，一般焊盘内

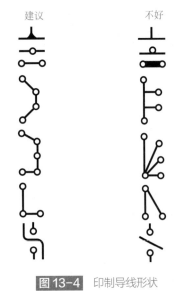

建议　　　　　不好

图 13-4 印制导线形状

径比穿线孔直径大 0.1 ～ 0.4mm，穿线孔直径比元器件引线直径大 0.2 ～ 0.3mm，焊盘的圆环宽度通常为 0.5 ～ 1.5mm。

(3) 综合布线

❶ 线长：铜膜线应尽可能短，在高频电路中更应该如此。铜膜线的不拐弯处应为圆角或斜角，而直角或尖角在高频电路和布线密度高的情况下会影响电气性能。当双面板布线时，两面的导线应该相互垂直、斜交或弯曲走线，避免相互平行，以减少寄生电容。

❷ 线宽：铜膜线的宽度应以能满足电气特性要求而又便于生产为准则，它的最小值取决于流过它的电流，但是一般不宜小于 0.2mm。只要板面积足够大，铜膜线宽度和间距最好选择 0.3mm。一般情况下，1 ～ 1.5mm 的线宽，允许流过 2A 的电流。例如地线和电源线最好选用大于 1mm 的线宽。在集成电路座焊盘之间走两根线时，焊盘直径为 50mil，线宽和线间距都是 10mil，当焊盘之间走一根线时，焊盘直径为 64mil，线宽和线间距都为 12mil。

❸ 线间距：相邻铜膜线之间的间距应该满足电气安全要求，同时为了便于生产，间距应该越宽越好。最小间距至少能够承受所加电压的峰值。在布线密度低的情况下，间距应该尽可能大。

❹ 屏蔽与接地：铜膜线的公共地线应该尽可能放在电路板的边缘部分。在电路板上应该尽可能多地保留铜箔作地线，这样可以使屏蔽能力增强。另外地线的形状最好做成环路或网格状。多层电路板由于采用内层做电源和地线专用层，因而可以起到更好的屏蔽作用效果。

(4) 焊盘要求

焊盘尺寸：焊盘的内孔尺寸必须从元器件引线直径和公差尺寸以及镀锡层厚度、孔径公差、孔金属化电镀层厚度等方面考虑，通常情况下以金属引脚直径加上 0.2mm 做为焊盘的内孔直径。例如，电阻的金属引脚直径为 0.5mm，则焊盘孔直径为 0.7mm，而焊盘外径应该为焊盘孔径加 1.2mm，最小应该为焊盘孔径加 1.0mm。当焊盘直径为 1.5mm 时，为了增加焊盘的抗剥离强度，可采用方形焊盘。对于孔直径小于 0.4mm 的焊盘，焊盘外径 / 焊盘孔直径 ＝ 0.5 ～ 3mm。对于孔直径大于 2mm 的焊盘，焊盘外径 / 焊盘孔直径 ＝ 1.5 ～ 2mm。常用的焊盘尺寸如下：

焊盘孔直径：0.4mm、0.5mm、0.6mm、0.8mm、1.0mm、1.2mm、1.6mm、2.0mm。

焊盘外径：0.5mm、1.0mm、1.5mm、2.0mm、2.0mm、2.5mm、3.0mm、3.5mm、4.0mm。

设计焊盘时的注意事项如下：

❶ 焊盘孔边缘到电路板边缘的距离要大于 1mm，这样可以避免加工时焊盘缺损。

❷ 焊盘补泪滴，当与焊盘连接的铜膜线较细时，要将焊盘与铜膜线之间的连接设计成泪滴状，这样可以使焊盘不容易被剥离，而铜膜线与焊盘之间的连线不易断开。

❸ 相邻的焊盘要避免有锐角。

(5) 大面积填充

电路板上的大面积填充的目的有两个，一个是散热，另一个是用屏蔽减少干扰，为避免焊接时产生的热使电路板产生的气体无处排放而使铜膜脱落，应该大面积填充上开窗，后者填充为网格状。使用覆铜也可以达到抗干扰的目的，而且覆铜可以自动绕过焊盘并可连接地线。

(6) 跳线

在单面电路板的设计中，当有些铜膜无法连接时，通常的做法是使用跳线，跳线的长度应该选择如下几种：6mm、8mm 和 10mm。

13.2.2.2　注意事项

❶ 布线方向：从焊接面看，元器件的排列方位尽可能保持与原理图相一致，布线方向最好与电路图走线方向相一致，因生产过程中通常需要在焊接面进行各种参数的检测，故这样做便于生产中的检查、调试及检修（注：在满足电路性能及整机安装与面板布局要求的前提下）。

❷ 各元器件排列，分布要合理和均匀，力求工艺整齐、美观、结构严谨。

❸ 电阻、二极管的放置方式，分为平放与竖放两种：

a. 平放：当电路元器件数量不多，而且电路板尺寸较大时，一般采用平放较好；对于 1/4W 以下的电阻平放时，两个焊盘间的距离一般取 4/10inch；1/2W 的电阻平放时，两焊盘的间距一般取 5/10inch；二极管平放时，1N400X 系列整流管，一般取 3/10inch；1N540X 系列整流管，一般取（4 ～ 5）/10inch。

b. 竖放：当电路元器件数较多，而且电路板尺寸不大时，一般竖放，竖放时两个焊盘的间距一般取（1 ～ 2）/10inch。

❹ 电位器与 IC 座的放置原则。

a. 电位器：在稳压器中用来调节输出电压，故设计电位器应满足顺时针调节时输出电压升高，逆时针调节时输出电压降低；在可调恒流充电器中电位器用来调节充电电流的大小，设计电位器时应满足顺时针调节时，电流增大。电位器安放位置应当满足整机结构安装及面板布局的要求，因此应尽可能放置在板的边缘，旋转柄朝外。

b. IC 座：设计印刷板图时，在使用 IC 座的场合下，一定要特别注意 IC 座上定位槽放置的方位是否正确，并注意各个 IC 脚位是否正确，例如第 1 脚只能位于 IC 座的右下角或者左上角，而且紧靠定位槽（从焊接面看）。

❺ 进出接线端布置。

a. 相关联的两引线端不要距离太大，一般为（2 ～ 3）/10inch 左右较合适。

b. 进出线端尽可能集中在 1 ～ 2 个侧面，不要太过离散。

❻ 设计布线图时要注意管脚排列顺序，元器件脚间距要合理。

❼ 在保证电路性能要求的前提下，设计时应力求走线合理，少用外接跨线，并按一定顺序要求走线，力求直观，便于安装和检修。

❽ 设计布线图时走线尽量少拐弯，力求线条简单明了。

❾ 布线条宽窄和线条间距要适中，电容器两焊盘间距应尽可能与电容引线脚的间距相符。

❿ 设计应按一定顺序方向进行，例如可以按由左往右和由上而下的顺序进行。

13.2.3　印制电路板与外电路的连接

电子元器件和机电部件都有电接点，两个分立接点之间的电气连通称为互连。电子设备必须按照电路原理图互连，才能实现预定的功能。

一块印制板作为整机的一个组成部分，一般不能构成一个电子产品，必然存在对外连接的问题。如印制板之间、印制板与板外元器件之间、印制板与设备面板之间，都需要电气连接。选用可靠性、工艺性与经济性最佳配合的连接，是印制板设计的重要内容之一。印制电路板对外连接方式可以有很多种，要根据不同的特点灵活选择。

(1) 焊接方式

该连接方式的优点是简单、成本低、可靠性高，可以避免因接触不良造成的故障；缺点是互换、维修不够方便。这种方式一般适用于部件对外引线较少的情况。

❶ 导线焊接：如图 13-5 所示，此方式不需要任何接插件，只要用导线将 PCB 印制板上的对外连接点与板外的元器件或其他部件直接焊牢即可，例如音响设备中的喇叭、干电池盒等。

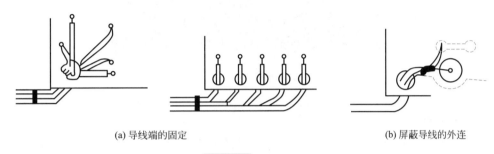

(a) 导线端的固定　　　　　　　　　　　　　(b) 屏蔽导线的外连

图 13-5　导线焊接

线路板的互连焊接时应注意：

a. 焊接导线的焊盘应尽可能在 PCB 印制板边缘，并按统一尺寸排列，以利于焊接与维修。

b. 为提高导线连接的机械强度，避免因导线受到拉扯将焊盘或印制导线拽掉，应在 PCB 印制板上焊点的附近钻孔，让导线从印制板的焊接面穿过通孔，再从元器件面插入焊盘孔进行焊接。

c. 将导线排列或捆扎整齐，通过线卡或其他紧固件与板固定，避免导线因移动而折断。

❷ 排线焊接：如图 13-6 所示，两块 PCB 印制板之间采用排线连接，既可靠又不易出现连接错误，且两块 PCB 印制板相对位置不受限制。

图 13-6　排线焊接

❸ 印制板之间直接焊接：如图 13-7 所示，此方式常用于两块印制板之间为 90°夹角的连接，连接后成为一个整体 PCB 印制板部件。

图 13-7　直接焊接

(2) 插接件连接方式

在比较复杂的仪器设备中，常采用插接件连接方式。这种"积木式"的结构不仅保证了产品批量生产的质量，降低了系统的成本，并为调试、维修提供了方便。当设备发生故障时，维修人员不必检查到元器件级（检查导致故障的原因，追根溯源到具体的元器件，这项工作需要花费相当多的时间），只要判断是哪一块板不正常即可立即对其进行更换，在最短的时间内排除故障，缩短停机时间，提高设备的利用率。更换下来的线路板可以在充裕的时间内进行维修，修理好后作为备件使用。

❶ 印制板插座连接：如图 13-8 所示，在比较复杂的仪器设备中，经常采用这种连接方式。此方式是从 PCB 印制板边缘做出印制插头，插头部分按照插座的尺寸、接点数、接点距离、定位孔的位置等进行设计，使其与专用 PCB 印制板插座相配。在制板时，插头部分需要镀金处理，提高耐磨性能，减少接触电阻。这种方式装配简单，互换性、维修性能良好，适用于标准化大批量生产。其缺点是印制板造价提高，对印制板制造精度及工艺要求较高；可靠性稍差，常因插头部分被氧化或插座簧片老化而接触不良。为了提高对外连接的可靠性，常把同一条引出线通过线路板上同侧或两侧的接点并联引出。

PCB 印制板插座连接方式常用于多板结构的产品，插座与印制板或底板有簧片式和插针式两种。

❷ 标准插针连接：此方式可以用于印制板的对外连接，尤其在小型仪器中常采用插针连接。通过标准插针将两块印制板连接，两块印制板一般平行或垂直，容易实现批量生产，如图 13-9 所示。

13.2.4　手工制作印制电路板的方法

对于电子爱好者来说，设计的电路一般比较简单，若要到厂家定制印制电路板，一是周期长，二是由于数量原因，厂家要价会比较高，因此经常需要自己动手制作印制电路板。本节主要介绍手工制作印制电路板的方法。

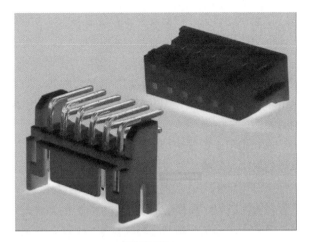

 图13-8　簧片式插座与插头　　　　图13-9　标准插针连接

（1）覆铜板的处理

制作印制电路板，其实就是将覆铜板上的一些铜去掉，留下一些作为印制导线，构成所需要的电路，首先就是选择覆铜板并进行处理。

覆铜板的处理包括剪裁、清理两步。

剪裁是根据我们所需要的尺寸裁剪覆铜板。这一步比较简单，可以用锯，也可以用刀按照边框线多刻几次，然后用手掰断，同时用锉刀将四周边缘毛刺去掉。

清理是对覆铜板进行表面污物和氧化层处理。由于存储等原因，覆铜板的表面会有污物和铜箔氧化的现象，在进行拓图前必须将污物和氧化层去掉，可以用水砂纸蘸水打磨，也可以用去污粉擦洗，最后用干布擦干净即可。

（2）拓图

拓图是将制作好的印制电路板图用复写纸拓到印制电路板上。将电路图转化为印制电路板图，可以手工也可以用软件来完成。注意拓图时最好将复写纸和印制电路板图用双面胶固定在覆铜板上，以防止拓图过程中发生错位现象。建议用不同颜色的笔进行刻画，这样可以防止出现错误和漏画。

（3）描图

描图（描涂防腐蚀层）是在需要保留的线条上描涂一层保护涂料，一般用调和漆、清漆等。描图时可以用毛笔或蘸水笔，蘸少许涂料按照拓好的线条，按从左至右、从上到下的顺序依次描涂即可。注意要描涂均匀，防止出现错误。

（4）蚀刻

顾名思义，蚀刻就是指腐蚀和雕刻。上一步中已经将所要保留的铜箔进行了保护处理，下一步就是通过腐蚀的方法或者用刀雕刻的方法将不要的铜箔予以去除。

❶ 腐蚀法

将铜箔腐蚀掉一般采用一种叫三氯化铁的化学溶液。将准备好的三氯化铁溶液倒入搪瓷盘中，然后放入印制电路板进行浸泡处理，用竹镊子夹住印制电路板轻轻等来回晃动，以加速腐蚀速度。等裸露的铜面被三氯化铁腐蚀好了，就将电路板拿上来，用清水反复清洗干净，如果有地方没有腐蚀好的，可以再放进三氯化铁溶液再进行腐蚀，直到好了为止。

在操作的时候，注意一定要戴上胶手套，因为三氯化铁溶液对人的皮肤有刺激作用的，人体不能接触，如果不小心沾上了一点儿，一定要马上用清水洗干净。

❷ 刀刻法

刀刻法就是用刀将不需要的铜箔去除掉。此种方法方便、快捷，适合比较简单的印制电路板电路。主要工具为锋利的刀子，可以用钢锯条自己磨制，也可以选择市面出售的刻刀。

第一步用小刀刻出印制导线的轮廓。最好借助直尺，由于是第一遍，所以用刀时要轻，以免刻出错误印痕，导致后面错误延续。

第二步用小刀刻透铜箔。在第一步的基础上，用刀的后部用力下压，将铜箔完全刻透，注意要慢慢进刀，要保证没有不透和不断的地方，可以重复几次，直至确定。

第三步起铜箔。用刀尖轻轻挑起一个头，然后用尖嘴钳夹住，慢慢向下撕，注意有无需要保留的铜箔连接的地方，否则容易将需要保留的部分一起撕下。

(5) 打孔

用手摇钻或小电钻打孔均可，注意不要过快，防止移位和折断钻头。打孔完毕后，要进行整理，去除毛刺和粉末。

(6) 涂助焊剂

在完成上述步骤后，为提高焊接质量，需要在印制导线的铜箔上涂助焊剂。这样可以防止铜箔氧化，提高可焊性。

❶ 涂松香酒精助焊剂：将松香放入酒精溶液中，待完全溶解后，就制成了松香酒精助焊剂。比例按照1：2或1：3配制。然后用毛刷蘸上溶液均匀涂抹在印制板上，晾干即可，也可以采用松香助焊剂成品。

❷ 镀银层助焊剂：将硝酸银溶液倒入搪瓷盘中，放入印制电路板，完全浸没。约十几分钟后，等铜箔上留有一层银后，取出印制电路板，并用水清洗，晾干就可以了。

13.2.5　印制电路板的制造工艺流程

随着电子产业的迅猛发展，电子产品的类型越来越多，对印制电路板的制造工艺要求越来越高。本节简单介绍印制电路板的制造工艺流程和其发展的趋势。

(1) 印制电路板的制造工艺流程简介

印制电路板的制造工艺本上可以分为减成法和加成法。减成法工艺，就是通过蚀刻除去不需要的那部分铜箔，来获得导电图形的方法。此种方法为目前应用最为广泛的制造方法。加成法工艺，就是在没有覆铜箔的层压板基材上，用化学沉铜的方法形成电路图形的方法。下面主要介绍减成法基本工艺流程。

❶ 照相底图及照相制版：就印制电路板的生产而言，一般都离不开合乎质量要求的1：1的原版底片。获得原版底片的途径一般上有两种：一种是利用计算机辅助系统和光绘机直接制出原版底片，另一种是制作照相底图，再经拍照后得到原版底片。当电路图设计完成后，就要绘制照相底图。绘制底图的方法有：计算机绘制黑白工艺图再照相成为照相底片、光绘制机直接制成照相底片、人工描绘或贴制黑白工艺图照相制版。

❷ 图形转移：图形转移就是将照相底片上的印制电路图转移到覆铜板上。转移的方法有光化学法、丝网漏印法等。其光化学法又分为液体感光法和感光干膜法两种。目前应用较

多的是丝网漏印法和感光干膜法。

a.感光干膜法（蛋白感光胶和聚乙醇感光胶）：是一种比较老的工艺方法，它的缺点是生产效率低、难以实现自动化，本身耐蚀性差。

b.丝网漏印法：是指将选好的印制电路板图制在丝网上，然后用印料（油墨等）通过丝网板将线路图形漏印到覆铜板上的方法。因为丝网漏印法成本低廉、效率高、操作简便等优势，印制板制造应用最为广泛，而且具有较高的精度，非常适用于单面印制板和双面印制板的生产。丝印设备有适合手工操作的简单丝印装置，也有印制效率比较高的半自动和自动网漏印机。

感光干膜法与丝网漏印法相比，其优点是生产效率高、尺寸精度高、生产工艺相对简单、能制造细而密的印制导线。

感光干膜法中的干膜由干膜抗蚀剂、聚酯膜和聚乙烯膜组成。干膜抗蚀剂是一种耐酸的光聚合体；聚酯膜为基底膜，厚度为30cm左右，起支托干膜抗蚀剂及照相底片作用，聚乙烯膜厚度为30～40cm，是在聚酯膜涂覆膜蚀剂后覆盖的一层保护层。干膜可分为溶剂型、全水型、半水型等。

贴膜制板工艺流程为：贴膜前处理→吹干或烘干→贴膜→对孔→定位→曝光→显影→晾干→修板。

❸ 蚀刻：蚀刻就是用化学或电化学的方法将印有图形的铜箔保留下来（印制导线、焊盘以及其他符号）腐蚀掉不需要的铜箔。

蚀刻的流程是：预蚀刻→蚀刻→水洗→浸酸处理→水洗→干燥→去抗蚀膜→热水洗→冷水洗→干燥。

对印制电路板来说，有多种蚀刻及工艺可以采用，这些材料和方法都可以除去未保护部分的铜箔，但不影响感光显影后的抗蚀剂及其保护下的铜导体，也不腐蚀绝缘基板及黏结材料。工业上最常用的是蚀刻剂有三氧化铁、过硫酸铵、铬酸及氯化铜。其中三氧化铁廉价，毒性较低，碱性氯化铜腐蚀速度快，能蚀刻高精度、高密度的印制板，铜离子又能再生回收。

❹ 金属涂覆：将蚀刻完毕的印制板进行金属涂覆的目的是增加可焊性，保护铜箔并起到抗氧化、抗腐蚀的作用。目前采用较多的是浸锡或镀铅锡合金的方法。具体的涂覆方法有热熔铅锡工艺和热风整平工艺。热熔铅锡工艺是通过甘油浴或红外线使铅锡合金在190～220℃的温度下熔化，充分润湿铜箔而形成牢固的结合层。而热风整平是使浸涂铅锡焊料的印制板从两个风刀之间通过，风刀中热压缩空气使铅锡合金熔化并将板面上多余的金属吹掉，从而获得均匀的铅锡合金层。

❺ 钻孔：钻孔就是对印制板上的焊盘打孔，除用台钻打孔外，现在普遍采用程控钻床钻孔。

❻ 金属化孔：金属化孔就是在多层印制电路板的孔内电镀一层金属，形成一个金属筒，让其与印制导线连接起来。

❼ 涂助焊剂和阻焊剂：涂助焊剂就是在印制导线和焊盘上喷涂酒精松香水或其他类型的助焊剂，以提高焊盘可焊性，并同时起到保护印制导线和焊盘不被氧化的作用。

涂阻焊剂就是在印制板上涂覆阻焊层，以防止焊接时出现搭焊、桥接造成的短路。涂阻焊剂还可以起到防止机械损伤、减少虚焊和减少潮湿气体的作用。

单面印制电路板的生产工艺流程是：选材下料→表面清洁处理→上胶→曝光→显影→固

膜→修版→蚀刻→去保护膜→钻孔→成型→表面涂覆→涂助焊剂→检验。

双面印制电路板与单面印制电路板的生产工艺流程的主要区别就在于增加了孔金属化工艺。

普通双面印制电路板的主要生产工艺流程是：生产底片→选材下料→钻孔→孔金属化→黏膜→图形转移→电镀→蚀刻→表面涂覆→检验。

高精度和高密度的双面印制电路板采用的是图形电镀法，目前采用的集成电路印制板大都采用了该种工艺。该种工艺可以生产出线宽和线间距在 0.3mm 以下的高密度印制电路。

图形电镀法的工艺流程是：下料→钻孔→化学沉铜→电镀铜加厚（不到预订厚度）→贴干膜→图形转移（曝光、显影）→二次电镀铜加厚→镀铅锡合金→去保护膜→腐蚀→镀金（插头部分）→成型→热熔→检验。

图形电镀 - 蚀刻法制双面孔金属化板是六七十年代的典型工艺。八十年代中裸铜覆阻焊膜工艺（SMOBC）逐渐发展起来，特别在精密双面板制造中已成为主流工艺。

裸铜覆阻焊膜（SMOBC）工艺：SMOBC 板的主要优点是解决了细线条之间的焊料桥接短路现象，同时由于铅锡比例恒定，比热熔板有更好的可焊性和储藏性。制造 SMOBC 板的方法很多，有标准图形电镀减去法再退铅锡的 SMOBC 工艺；用镀锡或浸锡等代替电镀铅锡的减去法图形电镀 SMOBC 工艺；堵孔或掩蔽孔法 SMOBC 工艺；加成法 SMOBC 工艺等。

下面主要介绍图形电镀法再退铅锡的 SMOBC 工艺和堵孔法 SMOBC 工艺流程。图形电镀法再退铅锡的 SMOBC 工艺法相似于图形电镀法工艺，只在蚀刻后发生变化。

双面覆铜箔板→按图形电镀法工艺到蚀刻工序→退铅锡→检查→清洗→阻焊图形→插头镀镍镀金→插头贴胶带→热风整平→清洗→网印标记符号→外形加工→清洗干燥→成品检验→包装→成品。

堵孔法主要工艺流程如下：双面覆箔板→钻孔→化学镀铜→整板电镀铜→堵孔→网印成像（正像）→蚀刻→去网印料、去堵孔料→清洗→阻焊图形→插头镀镍、镀金→插头贴胶带→热风整平→下面工序与上相同至成品。

此工艺的工艺步骤较简单，关键是堵孔和洗净堵孔的油墨。在堵孔法工艺中如果不采用堵孔油墨堵孔和网印成像，而使用一种特殊的掩蔽型干膜来掩盖孔，再曝光制成正像图形，这就是掩蔽孔工艺。它与堵孔法相比，不再存在洗净孔内油墨的难题，但对掩蔽干膜有较高的要求。SMOBC 工艺的基础是先制出裸铜孔金属化双面板，再应用热风整平工艺。

(2) 印制电路板的制造工艺发展趋势

我国印制电路板技术的研究与生产。从单面板、双面板到多层板的发展速度很快，而且生产工艺也在不断地更新，加工方法也在不断地改进。

❶ 计算机系统在印制电路板的制造工艺得到更广泛应用。CAD（Computer Aided Design，计算机辅助设计）、CAM（Computer Aided Manufacturing，计算机辅助制造）等先进地使用计算机进行设计和制造，使印制电路板的制造工艺上了一个新的台阶，一些过去无法实现的功能得以实现。常见的线路设计 CAD 软件有：Protel、Pads2000、AutoCAD 等，CAM 软件有：View2001、CAM350、GCCAM 等。

❷ 各种特殊新型印制电路板不断涌现。金属基（芯）印制板、碳膜印制板、挠性及刚

挠印制板等。

❸ 高密度互连积层多层板工艺不断地向高精度、高密度和高可靠性方向发展，不断缩小体积、减轻成本、提高性能。印制板的技术水平的标志对于双面和多层孔金属化印制板而言，是大批量生产的双面金属化印制板，在 2.50mm 或 2.54mm 标准网格交点上的两个焊盘之间，能布设导线的数量作为标志。在两个焊盘之间布设一根导线，为低密度印制板，其导线宽度大于 0.3mm。在两个焊盘之间布设两根导线，为中密度印制板，其导线宽度约为 0.2mm。在两个焊盘之间布设三根导线，为高密度印制板，其导线宽度约为 0.1 ~ 0.15mm。在两个焊盘之间布设四根导线，可算超高密度印制板，线宽为 0.05 ~ 0.08mm。

❹ 蚀刻液及蚀刻工艺的新发展。蚀刻液再生循环使用及铜金属回收技术不断完善。

国内外对未来印制板生产制造技术发展动向向着高密度、高精度、细孔径、细导线、细间距、高可靠、多层化、高速传输、轻量、薄型方向发展，在生产上同时向提高生产率、降低成本、减少污染、适应多品种、小批量生产方向迈进。